三句话劝退劫匪

李广森 著

民主与建设出版社
·北京·

图书在版编目（CIP）数据

三句话劝退劫匪 / 李广森著 . -- 北京 : 民主与建设出版社 , 2018.10（2023.3重印）

ISBN 978-7-5139-2307-1

Ⅰ . ①三… Ⅱ . ①李… Ⅲ . ①安全教育—青少年读物 Ⅳ . ① X956-49

中国版本图书馆 CIP 数据核字 (2018) 第 218848 号

三句话劝退劫匪
SANJUHUAQUANTUIJIEFEI

出 版 人　李声笑
著　　者　李广森
责任编辑　刘树民
封面设计　仙境书品
出版发行　民主与建设出版社有限责任公司
电　　话　（010）59417747 59419778
社　　址　北京市海淀区西三环中路 10 号望海楼 E 座 7 层
邮　　编　100142
印　　刷　三河市华润印刷有限公司
版　　次　2018 年 10 月第 1 版
印　　次　2019 年 3 月第 1 次印刷　　2023 年 3 月第 2 次印刷
开　　本　710 mm × 1000 mm　1/16
印　　张　15
字　　数　240 千字
书　　号　ISBN 978-7-5139-2307-1
定　　价　35.00 元

引言

一位朋友在也门工作，他讲了自己在也门考驾照的经历。在也门考驾照很简单，不考交通法规，只要能通过交通警察的面批，即可取得驾照。

警察的面批，只有三道题。

第一道题：“什么是汽车？”

考生答：“汽车是代步工具。”

警察摇头：“错，汽车是一台由驾驶员操作的精密仪器，驾驶员的操作决定着汽车的命运。车上的乘客、路上的行人，包括驾驶员的生命，都在驾驶员的手里。所以，开车一定要谨慎驾驶，不能有一念之差。”

第二道题：“什么是行人？”

考生答：“行人，是在人行道上行走的人。”

警察喊道：“错，行人都是疯子，总是在你想不到、看不到的地方突然出现在你面前。所以，驾驶员必须全神贯注，一刻都不能放松，时时刻刻都要想着为生命负责！”

警察又问了第三道题：“如何停车？”

考生答：“……倒车，停车入位……拉手刹。”

警察莞尔一笑：“又错啦，停车只要记住一个原则：方便出行。一切不方便出行的停车，都是错的！”

能考过吗？连朋友自己也没有信心，很羞赧地等着警察的评判。一直表情冰冷的警察终于露出微笑，敲了敲桌子，说：“鉴于您熟练的驾驶技术、端正的学习态度、与警方良好的沟通，我给你通过！我今日给你的提醒，请务必牢记。”

什么是汽车、什么是行人、如何停车，每个驾驶员都会有自己的答案。什么样的思想，支配着什么样的行动。咱们的朋友在也门警察面前露怯，说明他对这些问题缺乏深刻的认识。我想，也门警察的答案虽然偏激，但这些话却有一定的意味，应当是这位警察多年经验的科学总结，是每一个驾驶员都应当认识学习和遵守的行车规范。

我作为一名普法教育工作者，我就是想把像也门这位交通警察日常工作所总结的经验，结合本人的工作实际，将亲历或接触到的案例用“以案说法”的形式，介绍给广大读者，传播出去，让大家听闻以后，有所感悟，有所儆戒。

我曾经听一位智者说：“和尚为何要弘法？在佛戒看来，佛法是佛家发现的人间真理，只要有缘听闻并认真践行，就可以活得健康，活得平安，活得快乐。”

我不懂佛法。但是，佛教徒不畏艰险的弘法精神倒是值得学习。他们不辞劳苦的弘法精神，当然来自对佛法的坚定信仰。

犯罪是复杂的。连牛顿都说：“我可以计算出天体运行的轨迹，却难以预料到人性的疯狂。”

犯罪是复杂的，是无法计算的，却是有规律的。

人心都是肉做的，尽管是由不同的肉做成的。

我在检察机关工作，常常服务于执法一线，有机会从执法者的角度发现更多的人生智慧。把这些智慧传播给更多的人，这是我写作的情怀和目标。

序

孩子去境外参加一个游学活动，我去参加家长会。

见工作人员被两位家长纠缠得无言以对，我便好奇地去追问原因。

原来这两位家长家里都是女孩子，因担心孩子的安全问题，一直没有让孩子去国外参加游学活动。眼看孩子到了高二，再不出去，高中阶段就难有机会了，这才给孩子报名。这两位家长提的要求是：她们家的两个孩子必须住到同一户人家里，这户人家家里必须也是女孩，一户住两个孩子太不安全，要住四个孩子才安全。

工作人员回答她们："高二只有这两个孩子报名，住到一户人家是可以的，至于你们要求人家也得是女孩，我们不敢保证。我们一般也不安排一户住四个学生，游学是一个相互学习的过程，如果四个孩子在一块，他们自己就会形成'一台戏'，就不乐意再跟外国人交流了。可是，人家'老外'还要跟咱们的孩子交流呢！"

我也追问了一下两位家长："为啥如此担心呢？"

两位家长回答："因为我们在司法机关工作，见到的奇葩事情太多了，不得不防！"

我也在司法机关工作，二十几年来对未成年人受伤害的案件也一直很关心。因为我也有个女儿，回家也难免念叨一番。女儿似乎总是颇不以为然，但我仍情不自禁地天天给她敲警钟。

当家长的之所以像唐僧一样不停地念叨，就是要给孩子的脑子里面装上必备的安全防范意识。

观念是人的第三只眼睛。孩子有了必备的安全防范意识，即使孩子不在自己身边，当爸爸妈妈的也可以心放肚子里了。

我认识一个女孩子，也是一名高中生，妈妈在公安局工作，爸爸是个企业家。有一天，我竟然得到消息，说这个女孩失踪了！

爸爸是企业家嘛，名声在外，整个城市都知道他管着一个企业的钱。

很快，她的爸爸接到电话："准备好三百万元，就放你女儿回家！"

这个女孩子是被绑架了！

被绑架了，不要紧张，绑匪一般是不会撕票的，他们只是为了钱嘛！

这个案件很快被公安机关侦破，所有参与作案的绑匪均被抓获。

不幸的是，这个女孩竟然被绑匪杀害了。

绑匪为什么要杀她呢？

绑匪给的理由很简单。因为这个女孩当时说了一句话："叔叔，我认识你。"

就因为这一句话，绑匪就把她杀掉了。因为这个绑匪头目跟她在公安局工作的妈妈特别熟，这名女孩生前可能不止一次见他。

当我得知这个女孩去世的消息时，心里久久不能平静。

被绑架、被劫持，可能很多人一辈子都不会遭遇此类突发事件。真的遇到这样的事，怎么才能不发蒙？怎么才能有效地保护自己呢？

有一家影视公司制作了一部关于青少年犯罪的专题片，曾在人民大会堂召开新闻发布会，我们单位一位编辑老师应邀参加。看到相关媒体对此项目评价甚高，我建议将此项目列入出版计划。我们这位参会的编辑老师坚决反对，由于他有多年教师工作经验，我很重视他的意见。这位编辑老师解释说，普法教育应该以正面引导为主，如果仅仅是对野蛮暴力犯罪案件进行点评分析，咱们的好孩子看了都有可能学坏。那么，怎么才能让我们的法制故事读了就长智慧，而又没有副作用呢？这是我纠结了多年的一个问题。

经过几年的仔细思考，我决定从遭遇劫持、绑架等险境的受害者中，寻找智慧脱险的真实故事。这些故事紧张、惊险、有趣，还能够帮我们有效地提高智力，丰富人生体验。通过四五年的努力，我采访、调查、访问的智慧脱险的成功案例达到了一百多起：有个孩子面对绑匪时从中斡旋，分化瓦解，斗智斗勇，竟然让其中一名绑匪把他送到家里；有个孩子被劫持到千里之外，竟然能找到自己的家，百折千回，险境逃生，还帮助警察抓住了罪犯；有位白衣女侠，几句话便劝退了劫匪；还有女学生在宿舍深夜舌战上门偷窃的小偷……

火热的生活远比艺术家的虚构精彩，当事者的智慧远远超过我们的想象。我对这些故事击节叹赏、如数家珍，有的故事可能都已经被我讲过几十次，甚至上百次了。

实践证明，这些故事一定能引发读者设身处地的思考，生活中应当必备的安全防范意识也会很自然地在读者头脑中扎根。如果真的遇到诸如此类的事，读者不至于发蒙，不至于吓得茫然不知所措……

这就是我的写作缘起，我想把这本小册子写成一部预防被劫持、预防被绑架、预防被盗窃、预防被伤害的“小百科全书”。

社会是开放的，案例中受伤害的当事人，也不一定局限于青少年群体。

怎样智斗歹徒、怎样“见义巧为”，这些斗争的智慧，是我分享的主题。

我从小喜欢文学，行文可能有些“文艺范儿”。跳出“斗争的智慧”，分享更广阔的生命智慧，大概是我写作的底蕴。

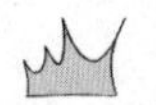

目　录
CONTENTS

三句话打开对方的心头锁

把话说到心坎上

后记：跟读者朋友谈谈我的朋友读者

人人都是谈判手

“神奇女侠”：不战而胜

一天晚上八点多，浙江省某市闹市区，一个劫匪钻进一辆白色路虎车试图抢劫，当时车内只有一名妇女和她四岁的女儿。

此时一个穿着睡衣的女子飘然而来，拉开车门对车内的劫匪说了一句话，劫匪便迅速放开被劫持的人质逃跑了。

这位穿睡衣的女子究竟是什么人？她为何如此厉害？

我想把这位穿睡衣的女子称为“睡衣女侠”，这名字贴近生活，还冒着生活的热气。没想到这位女侠对这个称呼并不认可，她澄清说，尽管自己练过武术，但是绝不敢称自己是女侠，她本人穿的也不是睡衣，而是超宽松款衬衫！

既然称“睡衣女侠”不合适，咱就称呼她“神奇女侠”吧。这位女侠当时是怀着怎样的情怀，究竟说了一句什么话，竟能扭转乾坤，让劫匪迅速放开人质逃跑呢？

那天晚上，神奇女侠送姐姐回家，有位青年男子把她拦住，大喊着：“停！”

神奇女侠只好在路中央停了车，正好挡在一辆路虎的前面。她下了车，通过半开的车窗看到路虎车上的女人正在哭泣，看起来很紧张的样子，一个小女孩坐在她的膝盖上，小女孩还扭来扭去的，似乎她还不懂大人们在干什么。

车上的女人一直在喊：“你要什么，我都给你！”

但车内那个男的说：“快开车，快开！”

男子嘴里还数着数：“快点儿开，不然捅死你，1！ 2……”

此时，神奇女侠看到男子手里有把刀，高高地举着，顿时明白了车上正在发生着什么事情。

神奇女侠跟那个正在啼哭的女人说了第一句话：“你不要哭了，别着急，先稳住他！”

可是那个女人很紧张，哭着对劫匪说：“我的钥匙找不到了，钥匙找不到了。”

劫匪还在喊：“快开，快开！”嘴里还在数着数。

女人惊慌失措地找到了钥匙，说：“咱们的车子被挡住了！”

这位被劫持的女人慌里慌张地自言自语：“钥匙找不到了……车也被挡住了……”表面看来，这是紧张情绪导致的，实际上这是女人的“软抵抗”。拖延时间，才能引来他人的关注，给自己带来获救的机会。

前面挡住路虎车的，正是神奇女侠的车。

神奇女侠正要往前走，她看了看四周，已经围了很多的人，很多的车。她还看到那个青年男子正在打电话，听声音，那个男人正在报警！

女侠决定出手了，她迅速跑到路虎车后门那里，一把拉开后排左侧的车门，那个劫匪正坐在后排右侧靠车门的位置，她冲着劫匪喊：“你赶紧跑吧！ 110马上到了，把孩子放下，你跑吧，我们不抓你……”

歹徒听了女侠的话，马上把孩子放下，转身就跑了。

惊魂未定的被劫持的女人赶紧把孩子拉到自己怀里。

神奇女侠关键时刻的几句话，为何如此有效？

第一，人越聚越多，此时，劫匪抢劫的路虎车想突出重围已经很难了，时机把握得好。第二，神奇女侠站在劫匪的立场上劝劫匪，容易被劫匪接受。第三，需要强调的是，劫匪在现场的心理变化也是很微妙的，看到这么多人围住他，他的内心会经历恐惧、惊慌、激动、孤注一掷，这些过程的转变是瞬间的，稍微处置不当，就会引起劫匪情绪的变化而导致其采取孤注一掷的行动。

神奇女侠事后回忆说："我当时心里很急，我怕劫匪看到警察来了，会情绪失控，变得穷凶极恶，伤害小孩子……"

周围的人都是等那个劫匪放下孩子从车上下来，跑出去几步了，才去追赶。他们也是很有智慧的，怕万一离车太近，那个劫匪突然回头对孩子下手。后来，看到劫匪逃跑了，很多人结伴去追。

神奇女侠留下来安慰女人，又抱起那个小女孩，对小女孩说："那个叔叔刚才是跟你开玩笑的。"小女孩拉着她妈妈说："妈妈你哭什么啊，我不怕的。"

围观的路人听了，都被逗笑了！

神奇女侠并没有去追劫匪。因为她承诺了：她要放劫匪一条生路！

警方会放劫匪一条生路吗？

警方赶到，迅速制伏了劫匪并发布新闻说，此劫匪及时终止劫持属于绑架未遂，但仍涉嫌绑架，因此被刑事拘留。

绑架罪是指以勒索财物为目的，使用暴力、威胁或者其他方法绑架他人的行为，或者绑架他人作为人质的行为。根据《刑法》第二百三十九条规定：以勒索财物为目的绑架他人的，或者绑架他人作为人质的，处十年以上有期徒刑或者无期徒刑，并处罚金或者没收财产；情节较轻的，处五年以上十年以下有期徒刑，并处罚金。

根据《刑法》第二十三条规定：已经着手实行犯罪，由于犯罪分子意志以外的原因而未得逞的，是犯罪未遂。对于未遂犯，可以比照既遂犯从轻或者减轻处罚。

绑架豪门公子：强盗逻辑与商业思维的谈判

1996年5月23日下午6点左右，李嘉诚的长子李泽钜正走在从公司下班回家的路上。

我在文章一开篇就强调时间，是因为这个时候的香港还没有回归祖国。

在一条人烟稀少的单行道上，李泽钜乘坐的车被一辆面包车拦住了去路，面包车上下来一群劫匪，个个端着冲锋枪，还有个人手持一把大铁锤。

李公子和司机顿时明白了眼前的危险，怎么也不肯下车。劫匪不由分说，抡起大铁锤一锤就把挡风玻璃砸碎了。李公子和司机腿都吓软了，只得乖乖听从歹徒的安排。

张子强精心策划的绑架行动，第一步，阴谋得逞。

劫匪们把一切安排妥当，便翻出李泽钜的移动电话，用电话捅了他一下："给家里打个电话，告诉他们，你被绑架了，准备好钱。如果敢报警，立马撕票！"

李公子手被捆着，眼睛被蒙着，拨号是劫匪帮忙拨的，电话通了之后他只说了一句话：“喂，我被人绑架了，不要为我担心，千万不要报警……”

一切按原计划进行。

劫匪头目张子强却突然宣布一个重要决定：“我要单刀赴会，去李家要钱！”

他的马仔都很震惊，面面相觑：“你一个人去，如果回不来怎么办？”

张子强表现出“过人”的见识，非常自信地说：“这你们就不懂了，没有研究透这些富人的心理。人穷的时候，钱比命重要。人一旦有了钱，命就比钱金贵了。今天，我亲自登门和李超人谈判，就是让他看看我张子强的胆量，也表示我的一份诚意，你们等我的好消息吧。”

张子强自信地认为，自己之所以能够在江湖上有所作为，一个是胆识，一个是智慧，那些只会打打杀杀的人，只能做马仔。

与此同时，当李嘉诚知道这个消息之后也是大吃一惊，他面临着一个重大的抉择：到底要不要报警？

老李打了一圈电话，咨询了一些老朋友，最终决定：不报警！

当时香港的富豪们对香港警察和司法制度都没有信心。此前张子强抢劫运钞车，不但被无罪释放，香港警察局竟然还赔了他八百万港币。

当然，此时的李嘉诚还不知道绑匪就是张子强。于是，他只能老老实实地待在家里等劫匪的电话。果然，不久之后，劫匪的电话就来了。

张子强：“找李嘉诚说话。”

李嘉诚：“我就是李嘉诚。”

张子强：“很好，我叫张子强。”

李嘉诚：“张子强？”

张子强：“李先生，我想您一定知道我。”

通常情况下，劫匪作案都害怕会被人认出来，但张子强不同，张子强的名字在香港是家喻户晓，富豪人家都知道香港警察拿他没办法。张子强也要以敢作敢当的气概，在江湖上树立自己大智大勇的“老大”形象。

李嘉诚心静如水，心明似镜，直奔主题：“张先生，你有什么要求，请说。”

张子强：“为了表示我的诚意，我亲自到府上来谈，欢迎吗？”

这句话还是让李嘉诚吃了一惊，他稍微停顿了一下，说：“非常欢迎。请问什么时间到？我们随时恭候。”

张子强：“我已经在去贵府的路上，我想不用我再重复了，你应该懂得规矩。”

李嘉诚：“请放心，只要保证犬子的安全，我保证不报警。”

李嘉诚住在半山腰的一套大宅子里，由于张子强多次踩点，他很快轻车熟路地来到李宅门前，按响了门铃。

此时李嘉诚已经在客厅门口等着了，张子强大大方方进了门，第一句话就是：“李先生，请把你家里的警察叫出来吧。”

张子强不能确定李嘉诚有没有报警，所以就拿这句话来探探对方的底牌。

气氛，剑拔弩张。

李嘉诚谈了一辈子生意，与劫匪谈判这是第一次。尽管他没有和劫匪谈判的经验，但他懂得，心同此理，讲诚信是一切谈判的基础。

于是，他从容淡定地表明态度：“我做了一辈子的生意，没有什么特别成功的经验，但有一点我有很深的体会，就是做人做事要言而有信。张先生如果不相信这一点，我领你看看。”

李嘉诚以自己的诚意表明，自己确实没有报警。

张子强躲在李嘉诚身后，一同察看一番李府。

形势危急，一触即发。

在确认李家没有报警后，张子强这才坐下和李嘉诚谈判。

“丁零零……”门铃响起。

张子强警惕地躲在李嘉诚身后，稍有不测，他就可以挟持李嘉诚做人质。

李府佣人只得开门，出去应对。

过了一会儿，佣人回来报告，原来是记者上门采访，询问，警察发现李家大公子的车窗被砸碎，李公子是否身心有恙？李家佣人告诉记者，李家公子的车确实遭遇了车祸，司机已经住院治疗，侥幸的是，李公子并不在车上。

对于张子强来说，这是再一次剑拔弩张，也是再一次有惊无险。

谈判，这才正式开始。

这次生死谈判，多年后被媒体称之为真诚而友好的经典对话，但毕竟是人命交易，所以，其中深藏双方的交易底线和剑拔弩张的气氛。

一般的看客，似乎很难读懂其中的玄机。

张子强：“李老先生身为华人界的超人，我一直很敬佩。我在十几年前做手表生意的时候，就曾经很荣幸地卖过手表给李老夫人，今天又非常荣幸地和您面谈。”

关系是拉出来的。张子强开口先拉关系，表示亲近和友好，对李嘉诚及其家人也很尊重，从语言措辞中，也主动示弱，表示自己身份的卑微。

李嘉诚：“其实，商海沉浮，每个人都会有机会的。”

张子强：“机会对于每一个人都是不一样的。我也想做一个成功的商人，可是我先天不足，读书太少。”

张子强先诉说自己出身的卑微，再诉说自己人生的无奈，自己也想做一个堂堂正正的商人，只是心有余，外在环境却不给力。

李嘉诚安慰张子强说："我也没有读过多少书。"

李嘉诚并没有显得高高在上，而是设身处地为对方着想，表示自己的出身也和张子强差不多而已。

张子强："但是，李老先生有耐性和韧性，还找了一个富人的女儿做妻子。我没有一步一步走过去的耐性，找了一个老婆，家里也没有多少钱。唉，其实啊，人生很短，还不如一棵树。一棵树还可以活上百年，甚至千年，一个人却只能活上那么几十年。三十岁前，脑子还没有长全；四十岁后，脑子就退化了。所以，我没有耐性一步一步地走，那样一辈子也只是混个温饱。"

强盗自有逻辑。此时张子强四十一岁，说话显得很有礼貌，也显得很真诚，似乎也已经悟透了人生。要把张嘴要钱的事儿说得冠冕堂皇、理所当然，那就先谈谈人生、谈谈理想。

李嘉诚："张先生想过上什么样的生活呢？"

李嘉诚似乎很懂张子强的心意，开始探询张子强的底价。

张子强："我不想过穷日子，其实，我们这些人干这个也只是想要一笔安家费。今天，我受香港一个组织的委托，就李公子的事和您协商，这个组织的一帮兄弟都要吃饭，还想尽量吃得好一点。这样吧，李先生富可敌国，而且还是敌一个大国，我们也不狮子开大口，受弟兄们委托，我跟李先生借个二十亿吧！全部现金，不要新钞。"

张子强终于报出底价，借，二十亿！

他没说自己是绑匪头子，而是虚构一个组织，并以这个组织的名义要价。以组织名义要价，价钱可以要得高，名正言顺、顺理成章，也可以让他在其中游刃有余，有更大的谈判空间。

李嘉诚："我就是给你这么多，恐怕也提不了现。我不知道香港的银行能不能提出这么多的现金。你看这样好不好，我打个电话问一下？"

李嘉诚不还价，说明他对价钱的认可。和人命相比，凡是能拿钱办成的事儿，都是小事。他马上拿起电话与银行商量，显示对付款方式的负责。

张子强："好，那你快一点，早一点解决，李公子就能早一点回家。"

李嘉诚的爽快，让张子强的成功唾手可得。他和银行商量的结果是，最多只能提现十亿，再多就没有了。但是为了表示自己的诚意，李嘉诚愿意把家里放着备用的四千万现金全部交给张子强。张子强表示接受。就这么几分钟时间，俩人把一切事情都谈妥了。

张子强在把现金装进自己车里的时候，对李嘉诚说："四千万，有个'四'字，实在是有点不吉利。要不这样吧，我退还给你二百万，我只拿三千八百万。"

张子强第二次去取钱，和李嘉诚握手道别的时候，试探地问："我这样搞，你们李家恨我不？"

李嘉诚说道："你放心，我经常教育孩子，要有狮子的力量、菩萨的心肠。用狮子的力量去奋斗，用菩萨的心肠善待人。"

支付完现金，李嘉诚还不忘给张子强一些投资建议："张先生，我不知道你们将怎样去用这笔钱。我建议你，用这笔钱去买我们公司的股票，我保证你们家三代人也吃不完。或者，将这笔钱拿到第三国去投资，要不就存在银行里，它都能保证你这辈子的生活无忧。"

一个是商人思维，一个是强盗逻辑，张子强会按李嘉诚的叮嘱去投资理财吗？表面看来，这是白天不懂夜的黑。是真的不懂吗？

这些都不重要。重要的是，既然是谈判，就要遵守游戏规则，不戳穿对方，相信对方说的话都是真的，也是对对方的尊重。

李嘉诚终于以自己的诚意和诚信，打动了张子强。

对于李嘉诚苦口婆心的叮嘱，张子强只回应了两个字："呵呵。"然后，抛出一句话："今晚李公子回家。"

从头至尾，李嘉诚也没有说半个"不"字。

张子强却主动让步，最终的赎人金额以十亿三千八百万成交。

李嘉诚与张子强的这次谈判，是商人与强盗之间的谈判。

俗话说，秀才遇到兵，有理说不清。为啥商人和强盗能够合作呢？

首先，这是高手之间的较量，双方都清楚地知道对方的诉求；其次，对手之间相互尊重，彼此之间都相互留有空间，这些都为双方各自达到自己的目的做了很好的铺垫。

就这次生死谈判而言，谈判无疑是成功的。

对于危机谈判而言，重要的不是区别对与错，而是先要务实地解决问题。对于李嘉诚来说，自己的儿子能否平安回家，是决定谈判是否成功的关键。能解决具体问题的谈判，才是最好的谈判。这是我反复揣摩这一案例，并重新讲述这一案例的动机。

北京的姐：深夜遭劫智斗歹徒

北京有这样一位的姐，她性格外向泼辣，善于察言观色，能言善辩，人送外号“孙二姐”。

一个春天的晚上，她开着车在市区拉活，突然有一个戴眼镜的小伙子拦车，这小伙子斯斯文文的像个大学生，很帅气。

“大兄弟，你要去哪里？”孙二姐热情地招呼乘客。

乘客回答说要去郊区桃花庄。从北京到桃花庄有差不多一百公里，为了出租车司机的安全，北京规定，出租车司机是不能到郊区去的，可是孙二姐觉得这位乘客很斯文，她没有犹豫就拉着他走了。

在车上，孙二姐注意到这位乘客很反常，他闷声不响，双眼挂着泪花儿。热心的孙二姐打开了话匣子：“兄弟，有心事儿？”说着从驾驶台上拿过一包餐巾纸递过去，“有啥不舒服，跟姐说说？”

这位乘客更是难以自制，“哇”的一声哭出声来。孙二姐把车停到路边，好言安慰：“兄弟，到底出啥事儿了？”

这位乘客在孙二姐的劝慰下，渐渐止住了哭泣。又过了一会儿，他似乎恢复了常态：“咱们走吧，我一定要去桃花庄！”

开了一个多小时之后，就到山区了，桃花庄就是大山深处的一处村庄。这个时候，乘客突然说了一句话："停车，我要上个厕所。"

乘客在荒山野地要求停车，往往意味着坏事就要发生了。抢劫杀人，也往往都是在这种地界发生的！

乘客上完厕所，把钱和包都扔到车上，说："姐，我不走了。我所有的钱都给您了，足够打车费了，钱对我已经没有意义了，再见吧！"

"兄弟，你别吓唬我啊！你有父母吗？你死了，他们怎么办呢？"孙二姐一脸的焦急，她看了看周围，感觉这里虽然位置偏僻，但车来车往的，相对还是比较安全。

"我已经把他们安顿好了，我该见的人都见了，该说的话都说了，在这个世界上，我已经不欠任何人了！现在只有一个问题：就是我死在哪里的问题。"乘客显得很平静。

"你有女朋友吗？你死了，她该怎么办呢？"

"别提她了，一切都是因为她！"想自杀的人都有一个心理规律，尽管抱定了要死的决心，但只要有人愿意倾听，他还是愿意在临死之前发泄一番。

乘客这时重新上车，讲出了自己的罗曼史：原来这位乘客是一名大学生，女朋友移情别恋，他感情上实在无法接受，决定以自杀面对，而桃花庄正是他们第一次约会的地方。

乘客终于说完了自己的故事，就要下车告别。

孙二姐急了："咱们虽然是第一次见面，我也不能眼睁睁地看着你去死啊！"继续劝他，"你死了，你前女友也不知道她在你心中有那么重要啊，你为啥不告诉她一声呢？也许，她正内心纠结难以抉择呢！"

"我跟她还能说什么呢？"乘客无可奈何地说，"我已经跟她说过，她只要离开我，我就死给她看。我不能说了不算，言而无信！”

孙二姐说：“你是为了她去死的，她要是不知道，或者不在意，你死得多亏啊！”

乘客一脸无奈地问：“你说，我应该怎么办呢？”

“发短信。”

“说啥呢？”

“说：我已经很平静了，你还好吗？”

短信发出后，过了一会儿，对方没回。乘客很急躁：“你看看，她根本就不在乎我！”

“别着急，再等等。”

又过了一会儿，那边回信了：“我还好吧。你平静了，我就放心了！”

看来女朋友对自己还是有感情的，乘客要死的冲动被这个短信拉了回来。他让孙二姐开车去一个热闹点的地方，两个人吃一点东西，庆祝一下。乘客一边沉浸在短暂的喜悦中，一边又提出一个自己忧虑的问题：“可是，短信应该怎样回呢？”

孙二姐又出主意：“爱的问题，要用爱来唤醒，还是走关爱路线吧！”

乘客回复几个字：“你是我心中永远的天堂，我正在桃花庄甜蜜地回忆着你跟我在一起的点点滴滴！”

那边回过来几个字：“也请你原谅我曾经的错！”

也许是女人最懂女人，在孙二姐的参谋下，乘客和他的前女友沟通竟然很顺畅，看来收复爱情是有希望的！

乘客试探着问孙二姐：“你说她真的会回心转意吗？”

孙二姐答道：“感情恢复理智需要时间，真正的感情经得起拉扯和摔打，是你的，她一定会回来找你。咱们先回市区吧！”

乘客提出要求："都走到这儿了，咱们还是去看看桃花吧？"

孙二姐一百个不情愿，好不容易松了一口气，她知道这位乘客性格偏执，喜怒无常，早些把他拉回去，自己才能早些踏实。于是，她劝乘客："爱情是慢慢谈出来的，一次就谈成的不是爱情，咱们慢慢跟人家谈吧！深更半夜的，看啥桃花呢？"

乘客正处于兴奋状态，要求孙二姐："好姐姐，感谢您救我一命，陪我去感受感受这春天的气息吧！"并再次向前女友发出短信："你还会想我吗？"

孙二姐不忍心拒绝，只得开车往前走。不久，乘客收到对方回信："你在我心中从未走远！"

乘客简直高兴得要跳起来了，边念叨着短信内容边发："你还会跟我好吗？"

孙二姐忍不住说："你也太心急了！"

乘客短信发出后，一直没有得到回复。

桃花庄到了，车停下来。乘客再也无心看那些在夜色中灿烂盛开的桃花，给前女友拨通了电话。前女友接了电话，小声说："我正在忙，回头我再给你打吧？"

乘客暴躁、偏执的性格暴露无遗："我现在就要你一句话，你是同意还是不同意？"

前女友没回答，就把电话挂了。

乘客再打，对方再也不接了！

乘客继续打，接电话的却是前女友的现任男友："你这样一而再地逼一个女孩子，你还是个男人吗？"

乘客的内心再次被羞辱、愤怒、仇恨占据，他举起拳头恶狠狠地砸在驾驶台上。孙二姐劝他：“兄弟，别着急，别生气，给她一段时间，她才能真正认清一个人。”

失去理智的乘客恶狠狠地盯着孙二姐：“我本来想在这个地方死了算了，你非要让我跟她联系，你看看弄得多恶心人！你不劝我，我能这么狼狈吗？”

乘客突然拿出一根小绳子勒住了孙二姐的脖子，一把刀顶住了她的肋骨，嘴里念念有词：“咱们一起死了算了，都是你把我搞得这样丢脸！”

孙二姐一看这个情况，就知道他真的要杀人，自己只能想办法脱身！

怎么脱身呢？

孙二姐语调也变得温柔起来，说：“兄弟啊，北京规定不让出租车来郊区，你知道我为啥敢拉你来吗？”

乘客摇摇头。

孙二姐盯着乘客的眼睛，含情脉脉地说：“因为我喜欢你！我愿意跟你在一起，跟你在一起，我觉得自己也很年轻呢！”

乘客不为感情所动，反而更加歇斯底里：“我讨厌用情不专的人。我今晚非要先杀了你不可，你要知道，你是咎由自取！”

孙二姐连呼冤枉：“我是用情不专的人吗？我也恨死那些用情不专的人啦！我老公两年前就背叛我跟一个女的跑了，所以，我越跟你交流就越觉得喜欢你。”

乘客一听，有些动心了：“我被这个女生害得好惨呢！”

这时候，从远处骑来了一辆自行车，“当啷当啷”的，听声音就知道是辆旧自行车。据常识判断：骑旧自行车的，很可能是一个老头。

此时，一心想从乘客手里逃生的孙二姐，很盼望天降贵人来帮助自己。谁能帮助她呢？如果骑自行车的人是一个警察，她今天就百分之百得救了；如果骑自行车的人是个年轻人呢，也有可能出手相助；如果骑自行车的人是个老头呢，就不大可能行！结果呢，当这个自行车“当啷当啷”走近时，骑自行车的人也许看出这个出租车有问题，就主动下车趴到车上看。孙二姐也看到来人，一看，不是贵人，是个老头！既然老头帮不了自己，就让老头走吧。于是，她没好气地说：“看啥看，没见过谈恋爱啊？”

那老头气得转头就走了！

通过这件事，乘客觉得孙二姐真的爱上了自己，就问孙二姐：“大姐，您喜欢我啥呢？我从小失去母爱，都没有女人真正地喜欢过我，都是拿我当猴耍，到我这里过渡一下，就移情别恋了！”

孙二姐也表现出害羞状，眼神火辣辣地看着乘客：“你用情专一，对人好，不求回报。女人为情而生，不就求这些吗？”

孙二姐和乘客的关系再次进入亲密阶段，两个人不再对抗，松弛了下来。

孙二姐斗歹徒，这个叫斗智与斗勇相结合，以斗智为主。请记住一个智斗歹徒的重要原则，那就是坏人可以骗！

这样，这个大学生歹徒就被孙二姐的柔情迷惑住了。

这时候，孙二姐的儿子打电话过来，大学生歹徒也警惕地听着：“妈妈，快回家吧，您别太辛苦了，我和爸爸先睡了！”

孙二姐很平静地回答：“你们先睡吧，我正在往回赶！”

孙二姐挂了电话。

大学生歹徒怒不可遏，勒住孙二姐脖子的绳子紧了紧：“你这个骗子，你不是说你老公跟人跑了吗？”

孙二姐眼里闪着泪花：“他是跟人跑了，但是有时也回来住住，比不回来还让我烦呢。这种事，怎么能跟孩子讲呢！”

大学生松了松绳子，沉默着。

天上一弯新月，星星也调皮地眨着眼睛。孙二姐轻松地跟大学生谈着爱情、人生、理想，初春的风，乍暖还寒，令人难以放松。孙二姐警惕地注视着过往的每一台车辆。

好不容易盼来了第一辆车，这辆车是出租车。车上没有乘客，只有一个司机。一个人，救自己肯定势单力薄。

又来了第二辆车，这辆车是辆大货车。大货车长途运输，司机往往都是疲劳驾驶，体力上难以顾及别人。孙二姐判断，大货车司机也救不了自己的命！

终于，等来了第三辆车，这辆车正是孙二姐的救命车。为什么说这辆车正是孙二姐的救命车呢？这是一辆卖水果的敞篷车，上面坐着几个小伙子。天有些冷，这几个小伙子正在车上摩拳擦掌地取暖，有力气正愁没地方使呢！

孙二姐一看这辆车可靠，这正是自己的救命车。于是，她悄悄发动汽车，猛然插到这辆卖水果的车的前面，结果这两辆车就撞了一下，发生交通事故了。那几个小伙子一看就特生气——有你这样开车的吗？提着棍子就要下来打架。孙二姐急忙大声求救：“大兄弟，快救我，我被劫持了！”

这几个小伙子一齐动手，就把这个大学生歹徒制伏了。

九岁男童深山历险记

黑龙江省某市检察机关对一起绑架案向当地法院提起诉讼。在这起案件中，九岁男童亮亮被绑架者抛弃在离家五百多公里、人迹罕至的荒山野岭中。这个两天两夜没吃没喝的孩子，不但成功地逃脱，而且协助警方将绑架者抓捕归案。

那么，这个九岁的孩子，脱险的秘诀在哪里？

这天早上，亮亮像往常一样背着书包去上学。

当他走到距离学校还有五十米时，一个高个子男人迎面走过来，将他拦住说："亮亮，你们老师让你到前面车里取书，还有几个同学也在搬书呢！"

亮亮稍微愣了一下，没有多想便跟着男子来到了一辆夏利牌轿车跟前。亮亮一看，车里没有书可取，也没有其他同学在搬书。亮亮惊异地瞧了高个子男人一眼，转身就要离开。这时，高个子男人一把将亮亮推进了车里。

汽车开动了。亮亮惊叫着："你们要干什么？快停车，让我下车！"

车内两个人快速地用手将亮亮的嘴捂住，没有让他继续喊叫并把他捆了个结实，塞进了轿车后备厢里。轿车呼啸着开走了。

绑匪能喊出亮亮的名字，说明对方有备而来。亮亮上了车，才知道大喊，说明警惕意识不够。如果亮亮当时感觉不对就大喊，绑匪也许就不会轻易得逞。

七点四十分，上课了。班主任发现从来不缺课的亮亮没有来上课，便给亮亮家人打电话询问。亮亮爸爸一听就慌了，亮亮从来没有旷过课，他怎么突然不上学了？

亮亮的父母与亲友找了整整一个上午，还是没有找到亮亮的踪迹。亮亮的家人便向公安机关报案。

中午时分，就在亮亮一家人焦急的时候，电话铃骤然响起，话筒里传来了亮亮的哭喊声："爸爸、妈妈，我害怕……我被人绑架了！"

听到儿子那撕心裂肺的哭喊，亮亮爸爸妈妈的心都碎了。他们还没有来得及与儿子说话，一个陌生男子的声音从话筒里传来："听到了吧？你们的儿子就在我们手里。想要儿子就准备六十万！下午再给你们打电话。如果报案，后果你们应该知道的……"

陌生男子说完就挂断了电话。

警方从来电号码调查得知，绑匪所用的电话号码是在当地可以随意买到的一个号码，根本没有经过任何身份登记。

也就是说，通过这个号码，查不到任何作案人的信息。

亮亮被捆绑塞进轿车后备厢后，这才意识到自己遭遇了绑架。后来，亮亮意外地发现头顶的地方有一丝光线——正是轿车后备厢破损的小洞。于是，他拼命地用手指抠那个小洞，将那个小洞扩大到一元钱硬币大小。透过这个小洞，亮亮感觉呼吸顺畅多了，更重要的是，他不但能听到外面的声音，还能隐约地看到沿途所经过的建筑物。

不知过了多久，绑匪们经过一个收费站，亮亮清晰地听到了该站的语音提示：安庆收费站到了。

车子又继续向前行驶。亮亮感觉车子颠簸得很厉害，似乎是在爬山路。又不知过了多久，车子停下了。

一个绑匪把亮亮从后备厢里拽出来，扔到地上。

亮亮哭了："叔叔，你们把我抓到这里干什么呀？"

一个绑匪冷笑着："干什么？老子手里没有钱了，向你们家借点钱花！"

亮亮感到很委屈："借钱咋不向我爸爸妈妈说呀？干吗把我拉到这里！"

一个方脸绑匪瞪着眼睛："小兔崽子，你是真不明白，还是装糊涂啊？我们这是绑票，让你爸妈拿钱把你赎回去！"

"那得多少钱？"

"不多，六十万！"

亮亮怯怯地说："我们家没有那么多钱啊！"

方脸绑匪一听，又冷笑着来了句："没有那么多？那我们就把你整死喽！"

亮亮吓坏了："叔叔，你们放了我吧！别把我整死啊，我还要上学啊！我还有数学题没有做完呢！"

绝望中的亮亮心想：如果爸爸妈妈凑不够钱，如果绑匪们等不及了，自己的性命就难保……如果有机会，就得逃跑。

"叔叔，我要撒尿。"亮亮喊道。

"就在这里尿吧！"方脸绑匪说。

此时，亮亮借机在荒山野岭中寻找道路。他虽然看清了山上的便道，可连接山下的大道没有看清楚。于是，他又喊："叔叔，我要拉屎！"

方脸绑匪不耐烦地说："小兔崽子，你的事情可真多，憋着吧！"

亮亮装出着急的样子："不行啊！再憋就拉到裤子里了！"

方脸绑匪生气了："好吧！你就在这里拉吧！"

亮亮故作羞涩地说："叔叔，我到远一点儿的地方拉吧！要不，多臭啊！"

在方脸绑匪的看护下，这时，亮亮已经看清楚了山上的便道可与农场之间的大道相连，他默默地记下了。

能记住路，才有跑掉的可能。如果你连记路的意识都没有，那你就没有逃跑的可能，只能任凭歹徒摆布。

亮亮这么一折腾，已经引起了一个绑匪的怀疑："这孩子是不是想要逃跑啊？"高个子绑匪摇了摇头："不可能！一个九岁的孩子能有多大本事？再说了，这山里离农场那么远，他就是插翅也逃不出去。"

就这样，亮亮和绑匪们在山林里待了一夜。早晨，方脸绑匪走了，高个子绑匪将亮亮推进了车里，开着车继续向山上走。车停在半山腰处，他们又步行爬进了深山，来到山顶上一个空房子里。当天色将要暗下来时，高个子绑匪接到一个电话，电话里说："不行！决不能让这孩子瞎折腾了，必须给他吃安眠药！"

不一会儿，高个子绑匪手拿着药片对亮亮说："你把这药片吃进去！"

亮亮不知其中有诈，接过药片刚要吃。他突然想起电视里坏人下毒药的情景，心想：不能吃！吃了必死无疑，我要蒙混过去。他手掐着药片说："没有水怎么吃啊！"

高个子绑匪转身从车里拿出一瓶矿泉水，递给亮亮，亲自看着他吃药。亮亮将两片安眠药扔进嘴里，将药片压在舌头底下，抓起矿泉水喝了一口，又“吧嗒”几下嘴。高个子绑匪问：“吃进去了？”

亮亮点了点头。可高个子绑匪不相信，命令他张开嘴，但并没有发现亮亮舌头底下藏着的药片。他转身对另一绑匪说：“这小崽子把药吃进去了，不用十分钟就得昏睡。”

另一绑匪说：“光让他昏睡不算完事，咱们把他的手、脚、嘴全都捆上堵上才安全！”

就在两名绑匪到车里取胶带之际，亮亮一低头，就把两片安眠药吐到了草丛里。随即，两个绑匪严严实实地在亮亮的嘴上、胳膊、前胸和后背、膝盖、脚踝捆扎了五道胶带。看见亮亮已经一动不动了，两个绑匪就把亮亮推到了空房子里。

睡觉轻，好叫醒；睡得沉，也好叫醒。吃了安眠药睡觉不好叫醒；装睡着呢？那是特别特别难叫醒！要是装死呢？除非他有100%跑掉的可能，否则，他永远也不会活过来！

直到亮亮已经听到了绑匪启动轿车的响声由大转小。凭着感觉，判断绑匪已经走远了。亮亮感到逃跑的机会来了！

亮亮和歹徒做斗争的过程，可圈可点：以撒尿拉屎为名，勘察地形，为逃跑寻找出路；把安眠药放到舌下，伺机吐出，确保自己头脑清醒。此时，亮亮的嘴上、胳膊、前胸和后背、膝盖、脚踝被捆扎了五道胶带，他还有逃脱的机会吗？有，想要摆脱五道胶带的束缚，只有用蹭的办法！

被捆绑着的亮亮，发现周围什么动静都没有，便拼命地挣扎着滚动。当他滚出了空房子，找到一块大石头时，便开始在石头尖上蹭。先是蹭开了右手，又挣脱了左手，手腕磨破了，鲜血淌出，也绝不放弃。他不断地让身体蠕动，尽力使胶带与石头相互摩擦着，一下、两下……直到撕开自己身上的所有胶带！

当亮亮摆脱胶带的捆绑重获自由的时候，大山里漆黑一片。亮亮凭着白天自己记下的辨认的标记，摸索着、沿着山中的便道向山下跑去。

山里的猎人有一个生存的常识：柳树，是猎人的行道树。在大山里，柳树总是生长在水边，而水总往山外流。猎人迷路的时候，就可以顺水走出大山！

那么，在漆黑的夜里，亮亮怎样才能走出大山呢？

寻找灯光！

有灯光就有人家。

亮亮凭借自己的记忆，沿着山道往下走。摔个趔趄，爬起来再跑；绊倒了，被山石蹭掉了一层皮，爬起来还跑；被带有芒刺的松树枝绊倒了，鼻子磕出了血，抹了抹，接着跑。直到他隐约发现远方有一处微弱的灯光，亮亮才认准自己奔跑的方向。

阴森森的大森林里，不时传来野生动物的嚎叫声。亮亮也不管不顾，抓起一根棍子握在手里，继续奔跑，强烈的求生欲激发着他的潜能。

不知栽了多少跟头，也不知走了多远的路。山道上的灌木丛，把亮亮的身体划出了一道道伤痕。脚上的鞋子已经跑丢了一只，他也无暇多顾……

山里的路，盘旋曲折。俗话说，看山跑死马。跑到一个有灯光的地方，一个九岁的孩子怎么能受得了？

直到凌晨，山沟里的一处加油站的大门被撞开了，一个小男孩出现在值班人员面前。男孩蓬头垢面、衣衫褴褛、浑身血迹斑斑，他以嘶哑颤抖的声音说："叔叔，我被绑架了，快帮我报警吧！"

说完，已经徒步行走一夜、两天两夜没有吃饭的亮亮，再也挺不住了，一下子晕了过去。加油站的工作人员找来吃的、喝的，唤醒了他，并拨打了报警电话。

亮亮得救了！

亮亮还告诉警方，他清晰地记得绑匪驾驶的夏利牌轿车经过了安庆收费站。根据亮亮提供的线索，办案民警迅速赶到了安庆收费站，调出了当时的监控录像。经判断，很快发现了那辆可疑的夏利牌轿车，视频准确地记录了该车的车牌号码。随后，亮亮凭着自己的记忆，把民警带到了大山深处那间废弃的空房子和案发当晚停留过的那片树林。警方在那里找到了绑匪们扔掉的一些碎纸片，纸片上面有一些电话号码，经辨认，这些号码都来自吉林省四平市。

根据这些线索，警方将绑架亮亮的两名歹徒抓获归案。其中一人正是亮亮爸爸超市里长年雇用的搬运工。

他们当时把亮亮一个人留在山上，已经全然不顾孩子的死活了。他们按计划兵分两路：一路在周边地区用电话与亮亮家人进行周旋，以此来迷惑警方。趁亮亮家人焦躁不安之际，让其乖乖地向指定的账户里存钱；另一路连夜驱车赶到哈尔滨，用银行卡取钱。然而，绑匪万万没有想到的是，九岁的亮亮竟能从荒山野岭、渺无人烟的大山里神奇地逃脱。

老板出招：与绑匪签“安全合同”

一位当大学校长的学兄在北京转车，中间有几个小时的空当，我们就聚了聚。

就两个人，吃北京小吃，主食是每人一碗面条。

学兄的一句话让我很受教益：咱中国讲究情通理顺，感情通了，理儿就顺了；很多事情你感到心里没底儿，往往是情没通，中间可能有隔阂、有误解，所以，理就不顺，事儿就难办。

前几天，因为工作关系，他去了一个安全事故调查组。

一位副厅级领导干部担任检察机关的专案组组长，他曾在反贪局工作，后来又在渎职侵权检察部门任职。

我问他，在安全事故调查组和在反贪局的专案组办案子，感觉有什么不同？

组长说：“那差别太大了。安全事故调查组的办案人员，拎着一个小本就去找人家去了，让人家谈，常常是无功而返。每个人都是趋利避害的，不是到了迫不得已的时候，很少有人愿意跟你说那么多的。”

组长还说，现在他们正把检察机关反贪局的审讯手段引入事故调查组的办案模式：什么时间关上窗户，什么时间拉上窗帘，什么时间把灯光调暗，什么时间让被问的人坐下，坐在什么地方，所有这一切都充满了玄机，都会有具体的操作模式。

总之，问话，通常为一推一拉模式：一推，能让对方感觉到了悬崖边；一拉，又能让对方感觉到很亲近，有一种重新回到组织怀抱般的亲切。

一推一拉心理审讯模式，实际上是一种心理控制术，每个人都渴望被欣赏，每个人心里都渴望有一个依赖，每个人都会有软肋。

推的是对手对你的依赖，拉的是对方的软肋。

审讯，是一个人对自己的对手内心的占有、操纵和把握。

一位审讯贪官的预审专家，经过对对手的研究、接触和把握，终于和对手到了称兄道弟的程度。但是，在审讯中还是遇到了困难，专家很生气，说："老兄，我们走了，你这么不配合，咱不审了。"

专家说完转身就走了，徒弟很紧张。出了看守所，预审专家对徒弟说："现在这位老兄，已经离不开咱了，今天咱走，是欲擒故纵，明天他就会找咱！今天咱的策略是推，让他心里没底儿；他找咱，明天咱就拉，咱一拉，他就会配合咱了，并且肯定是一种彻底配合！"

第二天，那个贪官通过看守所的武警给预审专家捎话，他要找预审专家交待问题！

心理控制的前提是读懂对手，谁能读懂对手，谁就能控制对手。

有一老板被绑匪绑架了，绑匪要钱，没钱就撕票。

老板提前接受过警方的相关演练，所以表现得心平气和："你们不就是要钱吗？我有钱，也可以给你们钱，但是，你们要保证我的安全。"

老板懂得绑匪的心思，出言直指对手的心灵。

绑匪一听，有道理：“我们一定会保证你的安全。”

老板坚持问：“你们凭什么说能够保证我的安全呢？”

绑匪说：“凭信誉。”

老板摇摇头，问：“你们有信誉吗？凤凰卫视前副主席周一男被绑架之后，他误以为给了钱就能活命，痛痛快快地交给绑匪一张银行卡，卡上存有六百多万元。但恰恰是这六百多万元要了他的命，因为原来那些抢劫者没想到要杀人，就想敲诈点儿钱就算了，结果敲大发了，到ATM机上一看，吓得半死，呀！这么多钱，会要命的，即使被抓，也值了。一不做，二不休，干脆给他们来个满门抄斩吧。”

老板讲完这个故事，绑匪开始愤愤不平：“给了钱还撕票，这的确太不讲信誉了！”

绑匪听懂了老板的话。

老板就势接着说：“你要钱，好商量；我要命，怎么能保证呢？”

绑匪也急了：“你不给钱，我们现在就干掉你！”

老板坦然面对：“反正早晚都是死，给钱也是死，不给钱也是死，我还不如给子孙留些钱呢！你们不能保证我活命，我就是不给钱。”

老板要命不要钱，绑匪要钱不要命。天生的对手，也是天生的合作伙伴，却无法继续合作。绑匪遇到了老问题，却给不出让老板满意的答案。

这时，老板就开导他们：“你们也不是生来就想犯罪的，如果能有好日子过，谁愿意冒这种风险？你们并不了解我，我也是穷人出身，只是机会比你们好，我就先富了起来；可是我富了以后，并没有忘记咱们的穷兄弟，一一数来，我已经帮助过很多有困难的人，我想你们肯定也是遇到困难了，为什么不让我帮助你们呢？”

听到这儿，绑匪开始动心，咱们曾经都是穷人，尽管他现在富了，可是他并没有变质，还时时想着帮穷人，直到现在跟他沟通也没有任何障碍。所以，他们也在分析、在考量，内心在斗争。

老板接着说：“如果我还有未来的话，咱们完全可以成为朋友。我可以帮你们，但是你们必须从事正当的事业。现在你们就可以写创业的计划，咱们经过论证，当场就可以签协议，我今天就可以预付20%的定金，合同本着自愿的原则签订，你们收钱也合情、合理、合法，并且没有任何风险。但要记住，我是老板，是投资人，咱们要通过创业改变你们的生活方式和未来的命运。”

为首的绑匪越听越觉得有道理：“这个时候我们放他一马，哥儿们讲讲义气，交个有钱有仁义的朋友也值。”

于是，老板跟绑匪开始讨论创业，最后还真的签订了一份合作协议。

老板根据合作协议，预付给绑匪们第一笔钱。

双方都对这次合作感到很满意。

本来是绑匪主导的一次绑架，被老板成功地疏导为一次“投资合作”。

心理控制，有时是一种感情控制，不仅仅在敌我双方对手的较量之中，也表现为恋爱的对手之间。

一个朋友这样描写他坠入情网的感受：“我知道那女孩暗中同时勾搭了一堆男人，可我仍旧忘不掉她。每次跟她约会，我都忘我地陪她吃喝玩乐，很投入地跟她花前月下。有时，我把她送到宾馆的楼下，我心里明明知道已经有男人在楼上等她，也很愿意含笑送她远去。可以说，当时我是招之即来，挥之即去，甘愿奉献。”

我问他：“是不是人家一旦不理你，你就很沮丧？在她稍微给你一点儿阳光的时候，你就又好了伤疤忘了痛，重新开始灿烂？”

朋友点头，坦白地说：“敢问，情为何物？就是一物降一物。”

我又问：“你们可能有未来吗？”

朋友很直率：“不可能，她不可能属于我一个，她属于每一个欣赏她的人！”

我笑了：“你不愿意娶人家，人家另有约会，何错之有？我看人家女孩活得很明白呢。不过，你们干吗每年还要约会两次？比牛郎织女还多情。”

朋友显得很沮丧：“她说，她要约我是要过来看看，她在我心中种的那颗种子长得怎么样了。”

听到女孩这样说，我笑了：“你确实是一块好的试验田，人家相中了你这块好地！人家女孩说得再明白不过，看来你永远属于那个女孩，那个女孩从来就不属于你！因为，你心灵深处种下了那女孩的种子！你就没想过不对那女孩儿那么好吗？”

朋友笑了，很淳朴地笑了：“我听到过别的男人给她打电话，很凶的。我感觉别的男人都对她不够好，只有我才像宠小公主一样地宠着她，我很愿意让她在我这里找到她做女孩的骄傲。”

记得张爱玲说过这样的话：所谓爱情，就是你无缘无故地想对他好。

正因为张爱玲有这么一个稀里糊涂的爱情观，所以，她就有了自己稀里糊涂的感情生活。

爱情，总是一个愿意打，一个愿意挨。都想打，或者都想挨的爱情，是不和谐的。

但是，究竟怎么打，究竟怎么挨，其中充满了情通理顺的玄机。

幼儿园女教师：怎样以爱心化解危机

上午九点四十分，某幼儿园的某间教室，老师正在带着孩子们做课间操，几十个孩子手舞足蹈："揉揉肚子拍拍手，扭扭屁股跺跺脚……"

门突然被撞开。一个中等身材、穿着深色上衣的中年男子冲了进来，并迅速把门反锁。

警觉的老师大声呵斥道："我们正在上课，你要干什么？"

让老师没有想到的是，对方给她的回答竟然是从身后掏出一把尖刀，猛地向老师刺过来！

老师毫无防备，只能用手去挡，左手臂顿时被划了一道长长的口子，鲜血直流。

歹徒出手又是一刀。这次中刀的是一个小女孩，鲜血染红了她的碎花裙。老师扑了上去，用身体挡住了女孩，说了第二句话："出去，滚出去！不许伤害我的学生！"

凶手一脚将老师踹开，老师不管不顾地再冲过来，凶手在她身上砍下第二刀、第三刀，这位老师就是不肯倒下、不肯让开。凶手见状，索性绕开她，直奔其他的孩子……

一个又一个孩子倒在了血泊中。受伤的孩子撕心裂肺地大哭，其他的孩子却全都老老实实坐着，不敢叫、不敢动、不敢逃——这一幕实在太残暴，他们，已经被吓傻了……

这位女老师和孩子们的哭喊声惊动了校园外的大人。附近的餐厅老板和几个年轻人合力撞开教室的门。木棍、扫帚、灭火器……拿到什么是什么，面对丧心病狂的凶徒，面对沾满鲜血的屠刀，他们没有任何犹豫。

110警车到了，120救护车到了，凶手被制伏，危险终于过去。

面对歹徒，这位女老师表现得怎么样呢？

很勇敢！确实很勇敢！她为了保护学生，一直冲在前面，可以说，浴血奋战，奋不顾身。

我们还记得，在歹徒行凶的过程中，老师说了两句话。第一句：我们正在上课，你要干什么？第二句：出去，滚出去！不许伤害我的学生！

这位老师说的两句话，对行凶的歹徒而言，是激化了矛盾还是缓解了矛盾？

在我看来，至少是没有缓解矛盾。

老师面对歹徒的讲话，应该起到两个作用：一是对行凶的人有所触动，让他彻底放下或者暂时放下凶器思考，把他从激动的情绪失控状态带回到正常状态或者暂时的正常状态；二是以喊声、叫声示警，呼叫周围的人过来救援。

原来这个歹徒也是穷苦出身，由于三年以来都没有讨到应得的工钱，他要报复社会。为了这个报复社会的计划，他已经连续走到了两所学校。那么，为什么前两所学校他没有下得去手呢？

到第一所学校的时候，他撞进了一间教室。老师停下正在讲的课，看了看歹徒和他手里的刀，很礼貌地跟歹徒敬了一个礼，很自豪地跟对方说："谢谢您，师傅，我们教室的空调已经让我的学生修好了！"

歹徒无言以对，关上门，走了。连怒气冲冲的歹徒自己都搞不清楚，自己是怎样被女老师四两拨千斤拨出来的。

于是，他又来到第二所学校。这次他走进的是一间小学一年级的教室。

门，突然被撞开，歹徒冲了进来，并迅速把门反锁。

老师看了看来人，微笑着问学生："来了客人我们应该怎样说？"同学们齐声喊："叔叔好！"

于是这位叔叔拎着刀，呆愣在那里。

这时，一位女孩子喊道："报告老师，叔叔的手破了！"原来歹徒在撞门的时候把手弄流血了。

老师不动声色地问："那么，应该怎么办呢？"

孩子们有的说："我有胶布。"有的说："我有紫药水。"还有孩子喊："我要陪叔叔去医务室包扎。"

哎，这个持刀歹徒一听，啊呀，好像三年来都没有人这么关怀过我，很感动。于是他很惭愧地说："抱歉，走错地方了。"说完，扭头走了。

据统计，现在 60% ~ 70% 的犯罪行为都是青少年所为，或者说都属于三十岁以下的年轻人。他们中的许多人杀人犯罪，往往属于激情犯罪，作案动机并不强。如果真的遇到危机的时候，咱们能够多一些耐心和爱心，多一些沟通和理解，也许血案就会少一些。

毕竟，只有人心才能唤醒人心。

女大学生：深夜与入室小偷谈心

这个案例讲的是入室行窃的飞贼马小偷与女硕士小吴的故事。

一个暑假的深夜，因盗窃罪被判刑入狱，刚刚刑满释放的马小偷，又开始行动啦！

马小偷来到某大学的学生宿舍。他把一根绳子系到楼顶，然后顺势往下滑。他要干什么？旧习难改，他还要偷！

马小偷滑到六楼，进入一间宿舍。房间里没人，他轻而易举地偷得一些值钱的东西。出了这个房间，他又钻进隔壁的房间。因为马小偷动作轻微，声音很小，没有惊动这个房间熟睡中的两位女生，马小偷不敢久留，小有收获后便悄悄逃离。

马小偷把从这两间寝室偷来的细软放在一个口袋里拎着，又来到了第三个房间。

第三个房间里只住着一名女生小吴，飞贼马小偷推开窗户的时候，把小吴惊醒了。惊慌失措的马小偷掏出随身携带的一把水果刀，架在小吴脖子上。小吴被突然降临的窃贼吓蒙了，身体不自觉地瘫软在地上。马小偷赶忙上前捂住她的嘴，半安慰半威胁地说："我只是来偷东西的，不许叫！叫，我就杀了你！”

几分钟后，小吴就镇定下来，半撒娇地说：“你把我的手划破了。”

马小偷没半点人情的样子压低声音吼叫着：“说！钱在哪儿？”

小吴连忙应答：“钱在我包里。”

马小偷环顾四周，没有发现包，就恶狠狠地问小吴：“包在哪里？”

“就在书架上。”

马小偷想去找包，却不敢从小吴脖子上拿下来水果刀：“我去找包，你要大喊大叫，怎么办？”

“只要你拿了钱就走，我就保证不喊人。”

“我凭啥相信你？我还是先把你绑起来再说。”马小偷说着，找来一根绳子将小吴双手反绑。

马小偷翻了半天，还是没有找到包，他急了，再次低声喝道：“你的包到底放在哪儿啊？”

“你把灯打开不就看到了吗？”小吴说。

打开灯？太危险了！马小偷愣了愣说：“你想认出我吗？我偏不开灯。”房间里始终没有开灯，但适应了黑暗的小吴依稀能够看清这小偷是个年轻人。

“那不是包吗？”可能是因为绑得太松，小吴伸出手来指了指放在角落里的那个黑色手包。马小偷没想到被捆绑的小吴竟然能把手伸出来，他勃然大怒，扑上去将绳子绕过小吴的后颈，再反绕过肩头将她的两只胳膊绑住，还用另外一根绳索把她的双脚也捆了。

“你干吗要做小偷呢？”小吴忽然问马小偷。

“不偷我活不下去！”马小偷没好气地说。

“可是，你爸爸妈妈知道了多为你担心呀！”

“你放心吧，我爸爸妈妈从来不为我担心！”马小偷还是凶神恶煞一般，面无表情。

小吴还在苦口婆心地叮咛：“你把包里的钱都拿去好了，全当是我送你的，其他的东西对你也没有用。一个好孩子，应该不让父母担忧、不让父母蒙羞，你懂吗？”

“你别跟我讲大道理，我只念到初中，你说的很多话我根本听不懂。”马小偷嘴很硬，心却被小吴说软了，忐忑不安地说，“你是大学生，我是小偷，你干吗对我这么好呢？”

“你想洗心革面，重新做人，就能重做新人。”小吴的话有些学生气，却说得语重心长，充满真诚。

在马小偷的记忆中，似乎还没有哪个女孩子跟自己这样近距离地说过知心话。于是，马小偷有了和眼前这个女大学生聊聊天的想法：“这个房间怎么就你一个人呢？”

“她们都放假回家了！”小吴的回答没有任何戒心。马小偷毕竟是贼啊，哪经得起别人的注视？他恶狠狠地伸手把小吴的头拧了过去往下一压，说：“低头，不许看！”

“干吗非要低头？”单纯的小吴百思不得其解。

“你老盯着我看，想报案吗？”马小偷反问。

小吴这才理解小偷的贼心，便不再有意看马小偷，解释说：“我没想着报警，只是感觉你挺帅的！”

马小偷毕竟没有忘记自己是来干啥的，他用床单一角把小吴的嘴塞住，然后绑住她的手说：“我走了，把你的嘴堵上，省得你喊人报警。”

马小偷刚逃出房间不久，就发现他在前两个寝室偷的东西落在了小吴的房间里，他又很快返回。当他靠近房间时，发现寝室的灯已经打开了。

马小偷观察了一会儿，感觉很安全，就破窗而入。

小吴这次却显得很淡定：“你怎么又回来啦？”

马小偷的心一下子提到了嗓子眼，怎么临走时嘴没堵紧？他命令小吴：“闭灯！”

小吴闭了灯说：“那只是床单的一个小角，我抖抖床单就抖下来了。”小吴是一个天真无邪的姑娘，她毫无戒心。

小吴毕竟是研究生，在不看马小偷的情况下，她心平气和地说：“看到你，我就想到了我弟弟。他也来城里打工了，孩子嘛，遇到好人就会干好事，遇到坏人就会干坏事。我希望你今后再也别去干坏事啦！”

小吴是硕士，谈话也是引经据典，她首先讲了故乡情结对于一个人的成长有多重要。小吴说：“从对战争的研究发现，战俘营里的士兵之所以能够活下来，往往是通过回想故乡、童年、父母的一些细节，以维持眼前活着的状态。其实，不仅仅是战俘，故乡、童年、父母、朋友，对每个人的成长都非常重要！”

小吴在这次谈话中开始讲述故乡、童年、父母对一个人成长的影响，在总结时还特意管劫匪叫上了朋友。她老家在农村，家里很穷，两个姐姐为了她早早地就辍学了。父母整天面朝黄土背朝天辛勤地劳作，日子却还是过得很紧张，在小吴考上大学那一年，父亲为筹学费竟偷偷地去卖血……她只是想着以后要好好报答父母和家人。

小吴由己及人苦口婆心地劝导着马小偷，她希望自己的诚心能够打动他。马小偷也确实从小吴这里感到了一种难得的温暖，小吴的话也让他不由得想起了远在农村老家的父母，就在他刑满释放的前几天，父母还给他寄来几百块的血汗钱，让他回家找个正经事干。尽管自己成了令人唾弃的窃贼，父母和亲友们却一直没有嫌弃他，一直对他关爱有加。

“还是回家看看父母吧，儿行千里母担忧。”小吴还是一片苦口婆心。

连马小偷自己都想不到，自己来偷人家的东西，却碰到这样一个苦口婆心的女大学生！

这感情是爱？是恨？是可怜？是同情？

马小偷怕小吴在自己还没走远时就大喊大叫，于是又重新撕了块被单塞进小吴嘴里。

可就在刹那间，马小偷心里生出了一种邪念：“你对我这么好，可以给我一个拥抱吗？”

小吴笑笑，摇摇头，却伸出手，想和马小偷握个手。马小偷却一跃而起，向小吴扑去。

也许此时的小吴才明白了人心的多变，她开始用尽全力与对方厮打，嘴里发出了愤怒的声音。

马小偷怎么也没料到，这个言语温顺的女孩竟会爆发出如此强大的力量。他挥着刀压着小吴不断地低吼，想逼她就范，但小吴在拼命抗争着。拉扯中，小吴嘴里的布条终于被扯掉了，她大声呼救。

关键时刻，马小偷被赶来的警察当场抓获。

警察为啥来得那么及时呢？因为在马小偷前脚离开的时候，小吴就喊醒隔壁的同学报了警。也正因为报了警，小吴与马小偷谈判时，才淡定了不少。

法网恢恢，疏而不漏，再次落入法网的马小偷将再次面临法律的严惩。

这一场口水战、心理战、肉搏战，惊心动魄，完美收官。可圈可点之处甚多，做个简单的归纳：

第一，生命第一原则。一个懂得保护自己的人，就是要懂得如何把自己受到的伤害降低到最小。小吴承诺说：“只要你拿了钱就走，我就保证不喊人。”这个做法是对的。在一个生命受到威胁的环境中，名誉、财产等都可以舍弃。有这样一个案例，几个未满十八的男孩把一个女孩子给奸杀了。律师辩解说：“被告只想强奸她，并没有要杀她。他们只是捂住她的嘴，目的是不要她喊，但是事情过后，发现她已经断气了。”

第二，不要向窃贼说实话，要懂得无中生有。窃贼入室以后，曾经问小吴，这屋里怎么就你一个人？小吴可以骗马小偷说：“她们去看演出了，很快就会回来！”这样马小偷就不敢为所欲为了。

第三，要懂得放弃。贼要钱，就给他一些，让他抓紧时间走。只有窃贼走了，你才是安全的。

第四，要会装。窃贼捆绑了你的手脚，把布条塞进了你的嘴里，不到万不得已，即使能打开也不要打开，这样才能麻痹窃贼。在和窃贼的斗智斗勇中，装受伤、装死，也常常可以用来麻痹入室的窃贼。比如，这个故事里的小吴由于轻易就挣脱了捆绑、吐出了嘴里的布条，这让马小偷在作案过程中感到万分恐惧。

第五，不看。歹徒入室盗窃，会怕你记住他的脸。一些智斗窃贼的人，在落入窃贼手中后，故意把眼镜弄坏，强调自己啥也看不清，这样窃贼就会放松警惕，就不会对他杀人灭口了。

第六，抓住机会，进行劝导。很明显，在这个案件中，小吴对马小偷的劝导是无效的。马小偷说得明白：不偷东西，我就活不下去。小吴要想说服他，必须围绕这个话题刨根问底，对马小偷有切切实实的帮助。小吴对马小偷的劝导，角色定位也有问题，以至于让马小偷误认为小吴对自己有“情意”，从而对这个女孩子想入非非，导致后来两人厮打在一起，这是很危险的。其实，小吴只要说，她已经报警了，警察马上就到，马小偷就不会产生强暴她的念头。

六岁男孩：被绑架的八天八夜

南京有个六岁的男孩，叫小明。一天傍晚，小明正在对面超市门口玩耍。突然有一只大手捂住了他的嘴，将他拽到一辆车上。上了车，大手松开了，小明一看乐了：原来跟他做摸瞎游戏的这个人不是外人，是大伯公司的司机张叔叔！

根据小朋友的经验，大人逗小孩玩，一般都会给小朋友买点儿小礼物，于是，小明就放下心来问张叔叔："叔叔，你今天带我到哪里去玩啊？"

张叔叔果然没让小明失望："我带你去买玩具。"

小明马上破涕为笑。

他们说着走着，很快就经过了一家玩具店，小明喊道："叔叔，这里就有家玩具店！"

张叔叔没有停车的意思，没有好气地说："这家玩具店的玩具太少，咱去找家大的玩具店。"

小明有点慌了，嚷道："叔叔，我不去买玩具了，我想回家！"

突然，副驾驶座上有个声音恶狠狠地说："你老实点，不然我揍你！"

副驾驶座上的黑脸男人说着，坐到了小明身边，车子继续行驶，小明吓得脸色突变，嘴巴撇了又撇，拼命忍着，这才没哭出来……

此刻的小明已经知道，他已经失去了自由！小明天真地认为，熟人是不会伤害他的，这是一个认识误区。一份调查报告说：60% 的强奸案、入室盗窃案、绑架案都发生在熟人之间。

对待绑架的正确心态是，一旦发现自己遭遇绑架，应该保持镇静，吃好喝好睡好，争取同情，等待机会，这在战术上叫作“以逸待劳”。

咱们看看这个六岁的男孩小明是怎样做的。

小明知道自己已经失去了自由，心眼一转，若无其事地问黑脸叔叔：“叔叔，我想到上海玩，你能带我去吗？”

黑脸安慰小明说：“咱们先带你到滁州玩几天！”

小明有些迷惑：“滁州？”

黑脸笑笑：“先去滁州，再去上海。”

半个小时后，车子上了直奔滁州方向的高速。小明想到爸妈曾经带他去过几次滁州，每次都要经过滁州高速收费站，小明看到了希望，心想：收费站口有好多叔叔阿姨，只要闹出点动静，或许就有获救机会。

对于绑架案件来说，收费站确实具有重要的意义。被绑架的人，可以利用收费站来记路，也可以利用收费站来巧妙求救。当然，到达收费站的时候也是犯罪分子防范最严密的时候，受害人一旦被发现有求救的苗头，就会被强按住头、捂住嘴，有时因防范过度，受害人往往会被捂死！

然而，眼看要靠近收费站了，张叔叔停下车，掏出一片药对小明说：“把它吃下去！”

小明害怕吃药，号啕大哭起来。张叔叔和黑脸强按住他的头，把药片塞到了他的嘴里。小明很聪明，他把药片含在嘴里后，悄悄把药片偷放在舌头下面，想找机会再吐出去。遗憾的是，聪明的小明这一举动，没能逃过黑脸的眼睛，小明无奈，只好把药片咽了下去！

药力发作，小明很快失去了知觉。不知道过了多久，小明醒了过来，隐约中，他听到张叔叔和黑脸两个人正在争执，张叔叔提出，要把这个孩子干掉，省得麻烦。黑脸坚决反对，他只想利用这个机会赚点钱，不想把事情闹大！张叔叔威胁黑脸说："你别以为他不认得你，你就没事，我要是有事，你也别想跑。绑架这罪也不比杀人罪小多少！"

黑脸坚持："让我杀人我不干，有我在，你就别想杀人的事儿！"

夜色中，汽车继续在高速公路上奔驰。下了高速公路，小明被带到一个偏僻的出租房。完全陌生的环境让小明害怕了，他用"数羊"的办法让自己从慌乱中镇定下来。这时，张叔叔介绍说："这里住着一个阿姨和一个姐姐，不准跟她们乱说，否则你是不会有好下场的！"

随后，张叔叔出去了，由黑脸叔叔负责看管小明。小明知道黑脸叔叔虽然脸黑，心肠却比张叔叔还好，便和黑脸叔叔亲热起来，通过聊天小明得知，这里的主人叫孙阿姨，有个九岁女儿叫珊珊。几年前，孙阿姨离婚了；一年前，孙阿姨和黑脸叔叔成了朋友。

中午，小明见到了孙阿姨。孙阿姨很热情地问："这是谁家的孩子？"

黑脸叔叔撒谎说："这是朋友老张家的孩子，他父母得了重病在医院做手术，没人照看，就让我帮忙照顾几天。"

孙阿姨半信半疑："这孩子真可怜，难道一个亲人都没有吗？"

小明暗想，如果能跟孙阿姨一起住，自己就比较安全，孙阿姨如果不接收自己，自己恐怕就凶多吉少了。想到这里，他哭着哀求道："阿姨，我很听话的，你就让我住几天吧！"

孙阿姨信以为真，决定收下这个陌生的孩子。

小明本想一开始就向孙阿姨求助，可一看到黑脸叔叔和孙阿姨的亲热劲儿，就决定再观察观察，伺机寻找逃生的机会。

午饭后，小明和黑脸叔叔午睡，他趁机试探："叔叔，张叔叔是不是回南京了？我不见了，他也走了，他是不是怕我父母怀疑呢？"

这事儿真就让小明猜对了，黑脸没有理他的话茬儿，答非所问地说："小孩子家，问那么多事儿干吗？"

当天晚上，小明表现得很乖，他跟珊珊玩得很开心。到了晚上九点钟，他和黑脸睡到一间房里。睡觉前，黑脸不解地问小明："你今天为啥要帮我向孙阿姨撒谎呢？"

小明故意依偎着他说："叔叔呀，我知道你带我出来玩几天，就会送我回家的。你对我好，我当然也对你好啦！"

黑脸被小明说得心中一暖，可是他对小明的看管却一刻也没有放松。

小明想逃跑的心思也时时刻刻在心头。

有一次，孙阿姨上班了，珊珊上学了，小明趁上厕所的机会，偷偷找来笔和纸，然后，写上求助字样和爸爸的电话，折成纸飞机从厕所的窗户扔出去。可是，黑脸突然闯了进来，气得直骂："你竟敢骗我！如果你再不听话，那就别怪我不客气了！"

小明的求助计划泡汤了，他又急又怕，不知道啥时候还有逃跑的机会。

第二天，小明偷听黑脸叔叔与张叔叔的电话，得知：自己的家人由于找不到自己，非常痛苦，也万分着急。张叔叔跟黑脸叔叔说："你好好看着孩子，马上就有机会！"

黑脸叔叔也非常不情愿："我在这里看管人，谁知道你是不是已经拿到了人家的钱呢？"

小明判断，张叔叔和黑脸叔叔的矛盾已经很深了，他决定利用两个人的矛盾来救自己。当然，小明自己并不知道，他下面的行动策略是三十六计中一计，叫作“远交近攻”。“远交近攻”之计，是指制造和利用矛盾，分化瓦解敌方联盟，实行各个击破的谋略。当天晚上，小明躺在黑脸身边，做出认错的样子说：“叔叔，我那天向人求助，是害怕那个张叔叔杀我。我怕他到现在还不来，可能是丢下我们不管了，说不定早跟我爸爸和大伯要到钱走人了……”

果然，小明的话让黑脸更急了：“不要说了！睡觉！”

睡觉？对于心中有事的人来讲，能睡得着吗？黑脸睡不着，小明也睡不着。小明聪明，由于他知道黑脸叔叔睡不着，就干脆装睡，睡着之后还说着梦话：“张叔叔，您得到钱了，就走吧，干吗还要杀黑脸叔叔？”

小明的表演果然见效了，第二天一大早，黑脸决定回南京一趟。他仍旧没有向孙阿姨说明真相，只是百般叮嘱孙阿姨：“我要出去一天，你千万帮我看好小明，这孩子调皮，偷偷跑出去好几回了，幸亏没丢，不然我没法向朋友交代。你记着，不管事大事小，只要和他有关的，你都要给我打电话。”

孙阿姨见他如此慎重，不由得跟他开玩笑说：“你这么紧张，不会是拐了人家的孩子吧？”

黑脸尴尬地笑了下，赶紧掩饰道：“我这不是受朋友的嘱托吗？”

孙阿姨再次相信了劫匪的话。

人算不如天算。黑脸走后，珊珊由于夜里蹬被子着凉发了高烧，孙阿姨要带她到医院去看看。

小明的心瞬间提到了嗓子眼上，他意识到，一个千载难逢的机会摆在自己面前！

不管是孙阿姨留他一个人在家，还是带他去医院，他都要抓住机会求救。可没等他高兴起来，孙阿姨却一边拿电话，一边说：“我给你叔叔打个电话，问他一下，看要不要带你去医院。”

小明急了，他连忙拉住了孙阿姨，乖巧地说：“叔叔出去忙正事，你别打扰他了，我害怕去医院，您还是把我锁在家里吧！”

为了彻底打消孙阿姨的疑虑，避免她再给黑脸叔叔打电话，小明一再强调说：“阿姨，你一定要把我锁在家里，现在坏人多，上了锁我就安全了。”

孙阿姨见这孩子如此懂事，果然没再给黑脸打电话，放心地离开了。

等孙阿姨走远之后，小明跑到阳台上，观察周围有没有街坊邻居能救自己。他知道，只要能引起街坊邻居的关注，自有好心人救自己。直到他看见一些街坊邻居在楼下聚集，似乎在讨论别的事情时，他便扯开嗓门大哭大喊，高呼救命，并把花瓶、花盆、纸箱、口袋扔到窗外。

几分钟后，一群街坊邻居找上门来。

小明这才向善良的街坊邻居说明事实真相！

这个六岁的孩子，终于得救了！

听到这个故事，我久久难忘。在危机中求生存是人的本能，可六岁的孩童能如此机智地令自己转危为安，实在是不简单。小明的聪明之处，至少有三点值得称赞：一是小明观察力强，他平时随父母外出就知道用心记路，身在异乡，他能知道自己所在的方位与自己的家乡；二是小明小小年纪已悟得人际关系的妙处，知道跟谁在一起危险、跟谁在一起安全，并能巧妙周旋在张叔叔、黑脸与孙阿姨之间；三是善于想办法施救，用行动保全生命，在正常人家制造非正常举动，如大哭大喊，并把花瓶、花盆、纸箱、口袋扔到窗外，以引起街坊邻居的注意。

十岁男孩：下水道逃生记

早上七点三十分，十岁的丁丁穿着厚厚的羽绒服，背着书包独自去上学。丁丁在车站等车时，一男子突然在丁丁的身后轻声地说："小朋友，我请你坐面包车。"

丁丁正犹豫，一只大手已从耳后绕过，迅速地捂住了他的口鼻。男子不由分说，就将丁丁塞进了停在路边的一辆面包车内。

"当时我的心里'咯噔'一下，知道遇到坏人，遭绑架了。"丁丁说，自己在电视里就曾看到过这样的场景。

男子把丁丁按在座椅下面，并不时地向丁丁打听其家里的情况："你家住在哪里？你爸爸是干什么的？你妈妈在哪里上班？"

从这些问话来看，这位男子并不了解丁丁家的情况。丁丁非常清楚，凭借自己的力量，肯定无法和歹徒对抗，只有假装很听话。

丁丁不说实话，怕歹徒打他，又怕说出自己家的真实情况，爸爸妈妈会受到敲诈。于是，他把爸爸的真名字告诉他们，却乱说了一个单位，说出了自己家的小区，又故意说错门牌号。

歹徒脸一沉："撒谎了吧？"

歹徒拿出一张纸对了对，你爸爸电话呢？

丁丁只能如实相告。

之后，也不知歹徒给丁丁闻了一种什么东西，丁丁在车上昏昏沉沉睡了过去。

也不知过了多久，等丁丁醒过来的时候，发现自己双手被粗麻绳反绑在身后，眼睛和嘴巴也被胶带封住。

自己是在什么地方？丁丁用手摸了摸地上，湿漉漉的，空气中弥漫着一股臭味。他屏住呼吸，凝神倾听，周围很安静。

确定四周没有人后，丁丁开始一步步实施自己的逃跑计划。他首先要把自己的手脚、眼睛、嘴巴解脱出来！他感觉有一面墙凹凸不平，他就把头凑过去对准胶带上下磨，很快眼睛和嘴巴上的胶带便松开了。丁丁此时才发现，自己在一个黑漆漆的下水道里。

丁丁想快点离开这里，但绑在手上的绳子特别粗，怎么也磨不断。突然，丁丁想起了法治副校长讲过的一种逃生办法——通过打滚将被绑着的手从后面翻身到前胸，接着用牙齿扯松绳子。

丁丁利用这个办法，果然挣脱了绳索，但是，没想到动静太大，惊动了歹徒。

黑暗中，丁丁感觉歹徒朝他跑过来。丁丁开始朝有光线的地方跑，歹徒紧追不舍，而且越逼越近，丁丁不得不改变逃跑路线。

“他是大人，我是孩子，走小路他肯定没有我快。”丁丁认识到了自己的优势，于是，专门走一些低矮的路口，自己轻松地钻了过去，而歹徒却被卡在里面。

“万一被追上了，前面的努力就前功尽弃了。”在一个岔路口，丁丁摆下“迷魂阵”，把刚刚解下的绳索放在与自己逃跑方向相反的一个路口上，以迷惑歹徒。

跑了一会儿，丁丁终于摆脱了绑匪，但这么深的下水道，出口在哪里呢?

正一筹莫展时，丁丁听到上面有人在谈话，声音好像是从窨井盖上面传来的。他在下面喊了几声“救命”，可上面的人好像没什么反应。

当时，丁丁似乎听到有人在说“有人在求救”，但并没有人打开窨井盖救他。

此时的丁丁感觉又冷又饿，他心想：“我不能在下水道里再消耗体力了。”

“要让外面的人注意到窨井盖才，有获救的希望。”丁丁看到窨井盖上面有两个小孔，自己身边有许多废弃的竹竿，于是他脱下脚上的红袜子，缠在竹竿上，当作“求救旗”，单手顺着井下的铁梯爬上去，把袜子从洞里伸了出去。

“下面有人。”很快，丁丁听到上面有人说话，接着又听到搬动窨井盖的声音，不一会儿，盖子终于打开了。四个工人模样的男子，惊奇地看着丁丁从下水道里爬出来。

“你怎么会跑到下水道里来的？你叫什么名字？你家在哪里？”工人们问了丁丁一连串问题。

这些问题怎么跟歹徒问的问题一模一样?

丁丁不敢说话，他害怕这些人与歹徒有牵连。

后来，丁丁见这些人并不像歹徒，这才消除了顾虑：“我觉得他们是好人，所以就告诉了他们我妈妈的电话。”此时，丁丁才知道，已是下午四点多钟，自己与歹徒已周旋十个小时了。

傍晚六点多，丁丁安全地回家了。

妈妈紧紧地抱住儿子，喜极而泣。

检察官出手：三句话劝退劫匪

市人民检察院接到公安机关的求助电话：该市市民王小六因向检察机关举报该市某局局长张秋声未见回音，便手持炸药在张秋声的家里劫持了张秋声的儿子，现情况非常危急，请求检察机关到现场给予支持。

检察院派万士通、赵怡琥两位检察官火速赶往现场。

现场戒备森严，气氛紧张。

王小六一手搂住张秋声的儿子，一手拿着炸药对门外叫嚣着："让张秋声出来见我！"

狙击手也已各就各位，只等一声令下。

情况危急，如箭在弦上。

在场的公安局局长刘治安简单介绍情况："劫持人质者王小六，发现在制药公司工作的妻子与食药监局局长张秋声经常在一起鬼混，便悄悄跟踪收集张秋声的违法犯罪行为，并在十天前，将自己收集到的相关证据举报到检察机关，但没有得到任何答复。劫持之所以发生，直接原因是，王小六的妻子与张秋声一起偷偷去海南旅游了，用王小六的话说，就是哄骗着他出去偷情了，间接原因是检察机关没有对王小六的举报采取动作，他要自己动手抓贪官！”

万士通很冷静，表情木然地问刘治安：“你下一步准备怎么安排？需要我们做什么？”

刘治安很平静地说：“我们已经通知王小六的妻子与张秋声从海南赶回，现他们已被请到现场。我们想让张秋声和王小六见个面，让张秋声当面认个错。张秋声不敢上，我们正在做他的工作。”

万士通打断他的话：“绝对不行！绝对不能让他们见面，仇人相见，分外眼红，很可能激化矛盾，同归于尽！”

刘治安无奈地说：“那只好请王小六的老婆上了，她有错在先，总不能不上吧？”

万士通再次摇摇头：“现在还不是时候，你想都不要想。世上没有无缘无故的爱，也没有无缘无故的恨！让他老婆去也可能会火上浇油！”

经公安机关与检察机关协商，很快组成了专案组：由刘治安担任现场总指挥全权负责，研究情况，决定方案；公安机关全方位采取防范措施，以防万一；由检察机关派出谈判小组负责和王小六谈判，万士通担任谈判手，赵怡琥负责对外围情况的收集，予以协助。

万士通接到命令后，不知从哪里找来一副眼镜戴上了，很像一位文弱的书生。一切准备就绪后，他抽了一支烟，喝了一瓶矿泉水，调整好自己的状态后，才稳健地走向劫持现场。

他先敲门。

“别进来，否则咱们一块死！”

“我是市检察院检察官万士通，受领导指派跟你沟通一些情况。”

“现在啥都不要说了，我只见张秋声！”

“张秋声已经被我们抓了，现在羁押在看守所，看守所的在押人员是不能随便见人的。你是举报人，有事先跟我说，好吗？”

坦白地说，听说张秋声已经被抓，王小六已经气消了一半。只是这个从天而降的好消息，让他有些将信将疑。

“不可能，我亲眼看他们坐飞机去的海南。”

“今天早上刚刚从机场抓到的。我这里有他被抓的材料。开门吧，我们也想听听你的意见。”

“先把材料给我！”王小六把门打开了一条缝。

“材料五分钟内送到，我走得急，忘了带。”

尴尬了片刻，万士通点上一支烟，说：“你不想跟你媳妇说几句话吗？你媳妇在楼下哭得死去活来，口口声声说对不起你，几次要撞墙自杀，我们费了好大劲儿才拦住她。”

“事儿都是她惹出来的，她还有脸哭！”

“幸亏你女儿赶到，你女儿长得真可爱，她只说了一句话，你媳妇就不再撞墙自杀了，只是在楼下哭。”

“我女儿说了什么？”

“她说，谁能给她一个完整的家，谁就是世界上最好的爸爸妈妈。”

“真是难为了孩子！”

提到孩子，王小六似乎恢复了理智。

“开开门，先抽支烟。”

万士通知道王小六也是一个烟鬼，看到别人抽烟，心里肯定也痒痒得难受。

王小六终于打开了门：“那你进来吧。”

万士通进了房间，王小六又关上了门。

王小六放下了张秋声的儿子，说：“先一边儿待着，别乱动。”

张秋声的儿子站在一边儿，目光凝视着万士通。万士通走过去给他一块巧克力，叮嘱他："别紧张，这是大人们之间的事儿，你没有错，王叔叔也不会伤害你的。"

王小六也随声附和着："是啊，是啊，都是他爹造的孽。"

他们正在交谈着，突然有人敲门！

万士通忙问："是送张秋声案件材料的吗？"

门外回答说："是。"

万士通看了看王小六，小声问："还需要吗？"

王小六干脆地说："我现在听你的。"

万士通便对门外喊："现在不需要了，小六非常信任我。"

王小六很突然地问："张秋声案件怎么这么快，我不劫持他儿子能这么快就有结果吗？"

万士通这才展开了细致的思想工作："检察机关传讯嫌疑人最长不能超过十二个小时。也就是说，如果在十二个小时内没有足够的证据证明当事人有罪，必须无条件地放人。为了按时完成侦查任务，检察机关要把很重要的工作放在初查阶段。为避免打草惊蛇，初查阶段一般是秘密进行的，必要时才与举报人保持联系，由于你是匿名举报，我们没有办法跟你取得联系，让你对我们的工作造成很大的误解。这也说明，咱们检察机关的工作还有不到位的地方，我代表检察院向您说声对不起。"

王小六说自己也有责任，不该匿名举报："要不案件进展会更快！"

王小六说到这里，又为自己的未来担忧起来："如果我现在出去的话，警察会把我当场打死吗？"

万士通很果断地说："肯定不会，你可以拉着我的手出去，咱们肩并肩走出去，我为你负责到底，咱们患难与共。"

王小六又问：“我会被判死刑吗？”

万士通答:“肯定不会,因为你并没有伤害人质,况且还属于自首性质，应该减轻处罚！”

王小六又问：“能判多少年？”

万士通答：“你这个事后果并不严重，不会判重！不过，至少也要拘留你十五天，因为你毕竟限制了人家的人身自由！”

几分钟后，王小六打开门，靠着万士通的肩膀走出张秋声家的门。走到安全地带后，万士通把王小六送上警车，警方给王小六戴上了手铐。

就在一切尘埃落定之际，王小六突然昏厥过去。

一波刚平，一波又起，现场再次引起一阵骚动。警方马上与急救中心联系，现场又紧张起来。

万士通也忍不住喊道：“王小六的老毛病心脏病又犯了。”

赵怡琥急忙跑上前，迅速往王小六嘴里放了几片药。王小六很快苏醒过来。

万士通看了看赵怡琥：“你准备的速效救心丸真好用。”

赵怡琥浅浅一笑说：“王小六平常犯病时也就是吃这种药，这种药对他最好使。”

日本寿司店老板和索马里海盗的谈判

六十三岁的寿司连锁店老板木村清，总是为进口一种叫作“黄鳍鲔”的鱼而犯愁。这种鱼生长在索马里外海，因海盗猖獗，渔船都不敢去捕捞，故产量有限。

那么，既然那里是海盗的地盘，能不能请海盗来打鱼呢？

索马里海盗业，是一个高度成熟的“产业”。这里的海盗们遵从各种行业规范，甚至还会运用许多现代企业管理理念经营自己的“打劫项目”。

如果没有遭遇激烈抵抗，海盗几乎不会故意杀人。如果谁有伤害人质的行为，还会被处以五千美金以上的罚款；如果出现侵犯妇女的行为，情节严重者可能会被处以死刑。

索马里海盗也因自己严守行规，在业内树立了“良好的口碑”。

知己知彼，百战不殆。木村清摸清了所有底数，决定亲自奔赴索马里。

海盗一听说有商人想和他们合作打鱼，大笑：“难道还有比海盗更好的生意吗？”

日本乘客既不带枪，也不带刀，满面春风而来，想必有所高见。

还是谈谈吧，谈不好就给他扒光衣服，扔进大海！海盗暗自思忖。

没想到经过一番谈判后，结果令人意外，木村清不仅没有被扔进大海，还被海盗们奉为贵宾，谈判成功！

木村清有备而来，他了解到索马里海盗以打劫为业并非乐在其中而是迫于生计。于是，他试探着说：“海盗生意虽好，但不是长久之计。”

木村清列举了美国、中国、希腊、意大利等数十个国家为打击海盗派出的军舰数量，向海盗说明，以后各国对他们的打击力度将越来越大，做海盗的危险性会越来越高！

一个优秀的谈判手总是能够站在对方的立场，为对方着想，从而达到自己的目的。于是，木村清这才抛出橄榄枝：“我有一个可以让你们世世代代持续发展的项目，可以让你们在全世界活得有尊严的项目，你们愿意和我合作吗？”

海盗问：“什么项目？”

木村清答：“捕鲔鱼，不愁卖，我全收！”

海盗心里表示赞同，可是嘴上开始谈价：“我们没有捕鱼的技术，也没有渔船，也没有冷库啊！”

木村清不怕对方报价高，只要有报价，就可以谈，他继续说：“只要你同意合作就好办，我帮助你解决所有问题。只要你有赚钱的诚意，我就可以免费教你捕鲔鱼的技术，并借给你渔船，帮你安装冷库，并负责收购你们捕到的所有的鱼！”

“不是我忽悠，是你太保守。”看到对方将信将疑，木村清决定动真格，空口无凭，立字为证。

合同签订，谈判成功！

木村清和索马里海盗的谈判成功，得益于他的三板斧：第一，知己知彼，摸清对方底数；第二，站在对方的立场，面对生存困境，为对方出谋划策；第三，只要愿意合作，什么条件都可以谈。

有了木村清的投资，索马里海盗开始转行做起渔民，由于建立了很好的产销通道，索马里鲔鱼开始销往日本及世界其他地方。

索马里海盗名闻天下，有几个人敢去倾听他们的声音？

木村清以敢为天下先的勇气，和索马里海盗谈生意合作，是一个以商养盗的成功案例。

和平解决问题，就是少动刀枪，多用智慧。海盗最猖獗时，一年超过二百宗抢劫事件，养鲔鱼后抢劫案开始大幅下降。根据美国海军的统计，2014 年一宗案件也没有发生。

毫无疑问，对于索马里海盗转行，木村清所做的努力是一次有益的尝试。尽管他的这桩生意，目前还没有盈利。

女教师当家长：以大爱化解仇恨

一起故意杀人案正在开庭。

杀人犯是一对夫妻，庭下是他们的一双儿女。这双儿女是他们在逃亡路上生下的，姐弟俩执手相看泪眼，无语凝噎。

被害人的妻子也是泪水涟涟。她是一位人民教师，在丈夫被杀害后，她一个人把三个女儿抚养成人。在附带民事诉讼审理过程中，她的一番话，打动了所有人："这么多年，你们无法想象，我的内心有多恨、多痛……"

然后，她忍住眼泪，看着两个孩子："这是我第一次看到你们姐弟俩，长得好漂亮、好帅气。按辈分，你们俩得喊我一声姨！我的三个女儿从小没有爸爸，我一直教育他们，大人的事情不要她们管。你们父母做错的事情，我也同样不会怪罪到你们身上。你们曾在爸爸妈妈的关爱中长大，也都是有出息的孩子。你们不要怨恨你们的父母，因为怨恨只会加剧你们的痛苦！姨今天在法庭上保证，你们父母坐牢了，我会像你们父母一样对你们好的……"

这位妈妈说到做到。除了自己对两个孩子好，她还要求自己在美国的女儿关注被告人的两个孩子的成长。

这位人民教师的丈夫，曾经是一名镇干部。她知道，丈夫之所以被杀，他本人也是有过错的。

故事从二十年前讲起。

一个姑娘被一名镇干部强奸了。

为了名声，姑娘忍气吞声，嫁了人。

可是，镇干部仍然没有放过她，经常去她的店里骚扰她。她决定跟他做一个了断，单刀赴约，手心暗藏一把刀。她的丈夫发现妻子神色不对，也悄悄尾随其后。

当那名镇干部眯着眼睛想象着和她进入甜蜜梦乡时，她用尖刀刺向了他的心脏。

躲在暗处的丈夫，也瞬间窜出补了三刀。

之后，小两口远走他乡，并通过买房子送户口的方式，隐姓埋名定居下来，并生下一儿一女。

当她的娘家哥哥找到他们时已经是二十一年之后。女儿上了大学，儿子面临高考。

夫妻俩决定投案自首，与儿子告别，谎称有生意，需要出差一阵子。

儿子终于在姐姐的鼓励下考上了大学。

鉴于他们是投案自首及被害方也有过错等情节，女杀人犯被判处无期徒刑，她的丈夫被判处有期徒刑十五年。

只要春天在，还会有花开。

被歹徒盯上，怎么办

杭州市余杭区女大学生小王早上从家里出门，不久之后便与家人失去了联系，可是谁都没有想到，才过去半天，亲友们就收到了噩耗：当天晚上，余杭警方在当地村道附近的一个水坑内发现了一具女尸，经确认，就是失联的女大学生小王。

小王是浙江杭州某高校的大学生，早上，她像往常一样出门，家人并未在意。可是后来，当小王的妈妈打电话联系女儿的时候，却发现女儿的手机已关机。连续几次都没能打通电话，小王的妈妈去女儿学校寻找，随后得知，这一整天小王都没有去学校，可是她也没回家，那她人去哪儿了呢？

小王的妈妈心急之下就报了警。

"从失联女生的家到学校，距离并不远，应该先从附近区域开始寻找。"接到报警后，余杭警方立即调集四十余名警力查访摸排，同时发动辖区干部群众，沿着小王的上学路线展开搜寻，并调阅小王上学路线沿线的监控。

视频组的民警看到，八点四十分左右，小王从家中步行前往附近的公交车站，看样子正打算乘车去学校。随后，民警们就在监控中发现了异常：八点四十六分，小王出现在某村道的监控镜头下，可与此同时，还有一名男子正鬼鬼祟祟地跟在她身后。

鉴于该男子很可能与小王失联有关，余杭警方在开展视频侦查的同时，立即调集大批警力在群众协助下展开排查搜索。不幸的是，当晚八点半左右，民警们在该村道附近的毛竹林一水坑内，发现了小王的尸体，经过现场勘查，确认属于他杀。

小王的尸体被发现后，余杭警方立刻开始追缉凶手，通过监控一路追踪，警方锁定尾随小王的男子有重大作案嫌疑，并调集大批警力连夜展开走访调查。第二天上午八点半，民警在一出租房门口将嫌疑男子卢某抓获。

卢某是贵州人，和被害的小王年龄一样大，也是二十岁。他是出于什么动机下此毒手呢？卢某交代，他们并不认识，他作案仅仅是为了钱！

经过初步审查，警方得知卢某原来在一家工厂打工，可是前一阵子工厂停工，卢某没有收入，经济拮据，便产生了抢劫的恶念。在他无聊地游荡时，发现小王一个人在偏僻的村道上行走，看她的穿衣打扮和挎包，像是很有钱的样子。于是，他便尾随其后，到了四周无人时，就上前抢小王的挎包。由于小王奋力反抗，卢某就想尽一切办法来控制小王，并将她拖向了路边竹林，两人继续厮打在一起。最终，在卢某的殴打之下，小王失去了反抗能力，奄奄一息。卢某只是把注意力放在了小王包里的手机和现金上，抢得财物后，顺手将小王推进了一个一米多深的水坑，并在坑上覆盖了一些竹枝青草后逃离现场。而此时的小王，已失去挣扎的能力，再也没有站起来。

卢某只是为了抢钱，却遭到大学生小王的誓死抵抗。结果，卢某抢得了钱财，小王却丢了性命，卢某落入法网，也将面临法律的严惩。那么，被歹徒盯上的小王有过错吗？她有死里逃生的机会吗？

我们总结了遭遇歹徒的八条处理原则，检视一下小王应该做到的自我地方。

（1）永远记住：生命一定是最宝贵的，所以不论何时何地何事，一切皆可舍，首先要保命。我们看到，小王誓死都在保护自己身上的财物，直到小王失去反抗能力，卢某才从她的包里取到手机和现金。

（2）发现被歹徒盯上，不能惊慌，要保持头脑清醒、镇定。先分析，歹徒盯上了自己的什么东西同时，根据歹徒的动机、自己的体力、心理状态、周围环境情况来决定对策。

（3）如果留意到被歹徒盯上，应迅速向附近的商店、繁华热闹的街道转移，那里人来人往，歹徒不敢胡作非为，还可以就近进入居民区求得帮助。

（4）如果劫匪向你要钱包，不要递给他，拿起钱包向远处丢。一般情况下，他会对你的钱包比对你更有兴趣，等他往那个方向转身的时候，你要向相反的方向拼命地跑。

（5）如果遇到凶恶的歹徒，自己又无法脱离危险，就一定要抓住机会奋力反抗，免受伤害。反抗时，要大声呼喊以震慑歹徒；动作要突然迅速，打击歹徒的要害部位，伺机脱身。

（6）应切记，不到迫不得已时不要轻易与歹徒发生正面冲突，最重要的是要运用智慧，随机应变。

（7）还有一个重要的保命手段，就是装死或者装作奄奄一息的样子，以显示自己已无还手之力，懂得保存实力，才能伺机逃脱。

哦，原来世界上有从没有受过羞辱的人

一位朋友，跟恋人分开了，他心里头总是觉得委屈，也有些放心不下，见人便诉说委屈。

听人诉苦大概是一件遭罪的事情，都是陈谷子、烂芝麻、鸡毛蒜皮的事情，再加上怀疑有第三者，还有跟踪和反跟踪、捉奸与反捉奸。最后，真相还是扑朔迷离。男人受不了了，说："咱双方这也太痛苦了，还是分开吧！"

女方说："那你还欠我一万一千块钱呢！"

男方很无奈："好的，我打个欠条，元旦前还清！"

一切谈妥，一拍两散。

于是，男人开始筹钱还钱。女方每收到一笔钱，内心就有一分不安。她心想，他为什么要分期还钱，还提出要元旦前还完，而不是一次性立即还清？

痛苦，是因为对未知结果的不确定性难以把握；纠结，是因为你有更多选择，意味着你有更丰富的未来，这是好事。"了断"需要一个过程，需要有一个充分的时间，双方都冷一冷，说明这个男人的处理方式是理

智的。但比理智更贴心的温暖，那就是爱！

所以，有朋友建议她在感恩节给对方回个短信：“让你还钱，不是我本意，我依然爱着你。”

她摇摇头，回绝了：“如果这样发，我岂不是尊严扫地？”

何谓尊严扫地？

一个推销员，做的是敲门卖菜刀的生意，这不是一个好的生意，但他做得很成功，到处有人请他做演讲。很多人问他：“你怎么能做到不被人羞辱呢？”

他坚定而自信地回答：“我被人踹出来过，被人拎着脖子扔出来过，被人泼过脏水，被人放狗咬过，但我从来没有被人羞辱过，我卖的是最经济最实惠的菜刀，这是我慎重选择的事业，不论客户怎样误解我，都是可以理解的。我从来不会把别人的误解当成一种羞辱，我会义无反顾地对他们好！他们很可能会误解我，骂我，从肉体上折磨我，把我踢出去，放狗咬我，但是都无法触动我的内心。”

爱能化解一切困难。

如果不自取其辱，谁能伤害你的尊严？

如果内心还爱着人家就说出来，是自己的错就检讨，既要对得起自己的内心，又要不伤害别人，这既是“情感止损”，又能推动感情深入开展。

如若落花有意，流水无情，那就彻底放下！

进退有道："偏偏是你的薄情，使我回味无尽"

《聊斋》讲了这么一个故事：

一位十七岁的小美女喜欢上了一个商人的儿子，喜欢得吃不下饭，睡不着觉，于是，她开始女追男，后来商人的儿子也喜欢上了她。可是，商人强烈反对两个年轻人的婚事，小美女就对商人儿子说了一段话："天下事，愈急则愈远，愈迎则愈拒。当使意自转，反相求。"

小美女的话是很有智慧的，可是，如何让别人反过来求你？

需要智慧，也需要手段！

俗话说，有求皆苦。她只是远远地吸引你，不求你。

木心老师说了一句没头没脑的话："偏偏是你的薄情，使我回味无尽。"

恋爱，加上使手段，就让恋爱变得分外有魅力。

所以，对于重视生命质量和爱情质量的人来说："宁愿和爱情骗子生活三年，也不和无聊的人生活三天。"

懂得退步，让生活魅力十分。

南极探险家沙克尔顿在距离南极点看似一步之遥的时候，突然做出了撤退的决定。

当时风雪肆虐，补给将尽，他深知每多走一步，便多削弱一分生存的机会。后来，他的妻子问他为什么会有这么大的勇气与力量回头时，这位冷静的探险家说：“我想你宁愿有一头活驴，而不想有一只死狮。”

魅力，是多种元素的结合。

某人开素餐馆，定了七条原则，以增加素餐馆的魅力。

第一，要有茶馆的氛围；

第二，要有咖啡馆的情调；

第三，要有鲜花店的清新；

第四，要有图书馆的文化；

第五，要有道场般的清净；

第六，要有家庭般的温暖；

第七，要有心理诊所般的安慰。

这样的餐馆，你喜欢去吗?

劝阻自杀屡试不爽的三句话

保持通话：当自杀正在进行

一个夏日，沈阳市铁西区人民检察院青年干警雷复正在值班，他的手机突然响了起来。

“我想跟你说几句最后的话。”声音很微弱，但他马上听出来，这是一位素不相识的女子。

雷复很客气地回答道：“对不起，您打错电话了。”

雷复挂掉手机，继续处理手头的公务。

很快他的手机又响起来，还是那位陌生女人的声音。

“我想问问你，世界上有没有真感情？”没想到陌生女人劈头就问他这样一个问题，虽然气息依旧很微弱。

“你是谁啊？我好像不认识你啊……”

雷复嘴上说着，心里却突然警觉起来，意识到这电话肯定有什么问题。这几年检察院工作的经验告诉他，这位气息微弱的陌生女子给自己打电话，可能有三种情况：第一，她是吸毒的，处境困难；第二，她是服药自杀的，处在生死边缘上；第三，她是跟自己闹着玩的。第三个想法刚刚冒出来，就被他自己否定了，对方声音微弱、语气绝望，根本不像是闹着玩的。

“不认识也行，我就想……跟你……说说感情的事儿。”就在他思考着的时候，那女子又进一步央求道。

“好吧，就让我们说说感情的事儿吧。你是过来人吧？你看这世界上有没有真感情呢？”

“这世界上的男人都是骗子，哪里有什么真情？……”

雷复与陌生女子谈着感情问题，心里却另有想法。如果这位女子是吸毒的，就要尽快查出她的位置，通知警方端掉这个吸毒窝点；如果这位女子是服药自杀的，一定要把她救出来，千万不能让她睡过去，我要与她保持通话，通电话是一种意识活动，一旦这种意识活动停止，这女子就可能睡过去，而一旦睡过去就没法抢救了。根据自己丰富的工作经验，雷复处理服药自杀事件还是很有些经验的。待冷静下来，雷复拿定主意：必须先把她的住址套出来。

“你不是沈阳人吧，我怎么听你是外地口音呢？你打的是长途电话吧？”

“我就在沈阳，谁说我打的是长途电话？”

“我才不信呢，你根本不是沈阳口音。”

“我是外地人，我住的是租来的房子，就在光明街……”

“真的假的？在光明街哪里？”

“你还不信，不信你就过来看看好了！我住在……”

不愿说出地址的陌生女子，被逼得没有办法，只好用模模糊糊的语气向雷复说出了自己的住处。

“对不起，请你不要放下电话，请你稍等半分钟，我有一件小事急着处理，我马上就回来！”

雷复向陌生女子请好了假，马上拨通光明街派出所的电话，告诉派出所的民警说，光明街某栋楼某某房间里，很有可能有一位服药自杀的女子，希望他们快去营救。然后，雷复又拿起手机继续与陌生女子谈论感情问题。电话不能挂掉，否则药效发作，女子昏迷，就难以解救了。虽然跟陌生女子谈感情不是雷复的强项，但雷复还是硬挺着。

大约一个小时以后，陌生女子的气息更加微弱了，但手心里满是汗水的雷复已经从电话那头听到了“砰砰”砸门的声音，这种声音此刻听起来是那样美好那样动听，他想一定是派出所的同志们前来解救她了。

他听见了开门的声音，听见了民警询问她的声音，他觉得自己似乎也获得了一次新生。这时，雷复已经与陌生女子通话了一个多小时。

陌生女子被救出，很快被送往医院抢救。

陌生女子出院后，专门来到沈阳市铁西区人民检察院表示感谢。

原来，这位女子在五爱街服装市场做生意，辛辛苦苦挣了一些钱，而她的男朋友欺骗了她的感情，也骗走了她的钱，害得她人财两空。她便产生了轻生的念头。牵手难，分手更难。心理学家说，每个人在临死之前，都会把自己的心里话找一个最知心的亲朋好友说一说。而这位女子要找的那位朋友的手机号，与雷复的手机号仅仅只差了一个数字，想不到，就是这一个错误的号码救了她的命。她打错手机完全出于偶然，而检察官雷复意识到了事情的严重性，职业的敏感决定了他必然要设法救助她。

陌生女子向自己的救命恩人雷复表示衷心的感谢。

当我们问及对这名女子的印象时，雷复说，这姑娘长得挺漂亮的。

我问，这姑娘叫什么名字呢?

想不到雷复张口就说，忘了。

这怎么可能呢？这么重大的事情，凭着检察官特殊的记忆力，他怎么可能随便就忘记了呢？

“忘了”！这两个字，蕴含多少善意，饱含多少祝福？

我们有理由相信，经过这次特殊的遭遇，漂亮姑娘已经懂得了生命的可贵。

如今她的生意做得很大，生活也很幸福。

给小偷留条后路

在芝加哥，一个小偷在撬一位中国留学生的车锁时被发现。

小偷撒腿就跑。

中国留学生穷追不舍，最后还是给追丢了。

后来报警，警察来询问情况，惊讶地问中国留学生："你东西没丢，追他干吗呀？"

留学生义正词严："他今天虽然没有得手，但改天他还会去偷别人的东西。"

警察的脑袋摇得像拨浪鼓，很有耐心地发表自己的高论："你真是太傻了。第一，如果小偷有刀有枪，万一把你打伤了或打死了，那是你倒霉；第二，万一你把他打伤了，他就会去告你，而且这种事儿，你败诉的概率很高。至于他还会去偷别人的东西，那是我们警察的事情，不需要你过问。"

这位中国留学生叫何家弘，后来成为我国著名法学家。他之所以对这件小事记忆犹新，是因为这件小事常常引发他对中外法律差异的思考。

我把何家弘先生亲历的这件小事记下来，顺便为美国警察点个赞！

给小偷留条后路，也是给自己求个平安。

剖析了一则今人遭遇歹徒的故事，我们再来剖析一则古人遇盗的故事，从他们身上再总结一些古人应对歹徒的教训。

燕国上地的一个大学问家，叫牛缺。有一次，他在去赵国见赵王的路上遇到一伙儿强盗，强盗抢走了他的金银财宝和身上所有值钱的东西。

牛缺被抢掠一空之后，又哼着小曲迈着方步继续往前走去。

尾随跟踪的强盗觉得不可思议，他们已经习惯了被抢劫的人们紧张、哀求和恐惧的表情。这回遇到一个无所谓的人：他不害怕，也不心疼自己的财物，那种开心的表情好像啥也没有发生一样。

盗贼们出于好奇便追上牛缺，追问其中的缘故。

牛缺哈哈一笑，娓娓道来："钱财不过是身外之物，它们存在的价值就是为了让我开心。现在那些财物已经不属于我了，我总不能因为那些身外之物的失去，而伤害我的身体吧？我能够开心地活着，也是物尽其用了，也算是对得起那些丢失的东西啦！"

强盗们暗暗为牛缺伸出大拇指："这可是一个有智慧的人呢！"

众强盗随后又商量："像这样有智慧的人去见赵王，如果谈到我们的这种行为，他们一定会过来找我们算账，还不如把他杀了算了，以绝后患。"

于是，他们又追上牛缺，把他杀掉了。

燕国有人听说了这件事，专门在亲友中开了一个警示教育会："碰到强盗，一定不要学习上地的牛缺！"

后来，这人的弟弟要到秦国去，到了函谷关下，也遇到了强盗。他想起哥哥的告诫，便和强盗拼命地抢夺财物。争夺不过，又去向强盗们恳求他们归还自己的东西。为首的强盗大怒道："我给你留一条活命，就已经够宽宏大量了，你还拼命跟我们死磕，我的命差一点儿就被你干掉啦，现在我不整死你，你就在这里大喊大叫，一会儿街坊四邻都被你喊来，我们逃得了命吗？"

强盗们手起刀落，就把他连同他的四五个亲友一同杀掉了！

强盗们以抢夺财物为目的，亡命之徒以求得自身安全为第一。只要你威胁到他的生命安全，甚至对他有潜在的威胁，他就有可能对你下毒手！

留得青山在，不怕没柴烧。永远记住：生命第一，财产第二；遭遇歹徒，我们可以反抗，要记住我们反抗的目的是为了逃跑，不要从语言上、行为上激怒歹徒，或者让他感觉到你会威胁到他的生命安全。好汉不吃眼前亏，灵活的人掌控天下。对付歹徒，咱慢慢来。

错失谈判机会：对面情郎你是谁

某杂志刊登一则案例：杀错了别人的老婆，对面情郎你是谁。

大意是：因丈夫刘巍有微信公众号，身份被一位与他长得像的人复制成私人微信号，然后利用此微信号骗钱骗色。

在假刘巍失踪后，被骗的女子小菊找人与刘巍的妻子李小华谈判、逼婚，她与假刘巍的激情视频却成了谈判的筹码。

刘巍的妻子李小华认为自己并无过错，怎肯退出自己的婚姻？为了挽回自己的婚姻，她将激情视频隐藏了起来，装成没事的样子，也根本不搭理小菊。她根本不知道这段激情视频，是小菊与骗子假刘巍录制的，跟自己的丈夫刘巍没有任何关系。

小菊上门逼婚不成，感觉备受侮辱，怀恨在心，便把李小华杀害了。

不幸的是，真的刘巍一直都蒙在鼓里。被骗的女人小菊被抓后，才见到真正的刘巍。

这则案例，让人扼腕叹息：李小华死得太冤了，她拒绝与上门逼婚的小菊谈判，错失弄清事实真相的机会；由于妻子李小华的忍气吞声，真的刘巍一直被蒙在鼓里；小菊稀里糊涂地杀了人，她知不知道是谁在爱她，是不是真的爱她？

冤有头，债有主，没有沟通与理解，怎么能搞清楚事实真相？

为了探索形形色色案件的真相，有无数侦探小说作家以自己的作品探索那些未知的世界。无疑，阿加莎·克里斯蒂是英国侦探小说女王。她开创了侦探小说的“乡间别墅派”，即凶杀案发生在一个特定封闭的环境中，而凶手也是几个特定关系人之一。

因丈夫移情别恋，阿加莎决定将自己的创作才华导入自己的现实生活中。

1926 年 12 月 3 日深夜，她神秘失踪。这起失踪事件轰动全国，警方一边进行大规模搜寻，一边不断地盘查她的丈夫及情妇，舆论的巨大压力让这对狗男女狼狈不堪。

在她的报复计划完成后，化名特丽莎·尼尔的阿加莎在一家酒店若无其事地露面了。

不管外人对这件事怎么看，阿加莎自信地认为：作为侦探小说家，她的悬念设计无疑是成功的。

审讯是一门科学。如果能够熟练地掌握和运用审讯的方法和技巧，可以帮助我们迅速抓住审讯的要害，及时突破案件，查清事实真相。

审讯也是一种谈判。每个人都会有趋利避害的心理，必须在重压之下，同时给予出路，方可促其交代自己的罪行。

我曾看到一个县官破命案的故事，简单记录一下。

一位十九岁的知县，姓蔡。一天，他发现自己的乌纱帽丢了，便喊来手下和衙役：你们四处给我找乌纱帽，三天内找不到，每人重责十大板。

其实，乌纱帽丢了，只要不是皇帝给摘走了，就可以重做，也不算啥大事。由于知县年轻，就连他的手下也常常不把他放在眼里，他才故意小题大做。

第二天，衙役魏忠在城北办差，偶然在梨园中发现了蔡知县的乌纱帽。

蔡知县让衙役们鸣锣开道前去察看丢乌纱帽的地方。竟然是在梨花树下，他们发现树下有新土翻动的痕迹，蔡知县命令仵作往下挖，竟然挖出一具尸体。

蔡知县异常愤怒，这是地下的小鬼向本县鸣冤，本县要在三天内将凶手抓获归案，以告冤魂！

三天？没有任何破案线索，上哪里抓人？很明显，蔡知县这是打草惊蛇！

当晚，蔡知县下令，让衙役们守住四个城门，将天亮之前就急着出城门的市民，抓回县衙审问。

衙役魏忠等人也感觉知县的命令有些不可思议，但也只得执行。收网之后，一共抓获二百多人。

蔡知县开审。审了一天，才审了四个人。二百多人怨声载道，蔡知县暗示魏忠，特别想回家的可以交钱回家，但至少要交一两银子。一两银子是一个大数目，却有一个大车店老板推说家中有事，愿意交钱买通衙役，要求私放。

蔡知县闻听报告后，下令：放！

夜半时分，大车店老板再次被抓到县衙，蔡知县则让衙役们点亮十几个火把，说："本人乃阎罗王转世，昨夜有小鬼前来举报，说你见财起意杀人，说，钱在什么地方？"

大车店老板只得招认："钱在乘客床下，一共两个金元宝。"

衙役们根据大车店老板的招认，果然起获了赃款。

此案就此告破，蔡知县从此名声大振！

那么，乌纱帽怎么会出现在梨园里呢？原来，知县年轻，爱玩，他踏春去梨园游玩，偶然发现一棵梨树下有新土翻动的痕迹，便用小棍试了试，发现新土很深。他断定其中必有蹊跷，这才摘下乌纱帽，设计出一个乌纱帽鸣冤的局。

江洋大盗作案有没有规矩

读到一则有关土匪的道义的文字，文中说，自古以来土匪有“八不抢”的规矩：“失明聋哑残疾不抢，节妇孝子不抢，寡妇独子不抢，婚丧嫁娶非仇不抢，婊子老鸨不抢，学生苦力不抢，先生郎中不抢，清官还乡不抢。”

这篇文字的意思是说：盗亦有道，任何行当都有自己的底线。

盗亦有道，这个成语意思是，强盗也有强盗的道理，做强盗的人也讲自己的道义。这个成语出自《庄子》。有一个拥有九千名同伙的强盗头目，名字叫跖。

一次，他的门徒问道：“强盗也讲道义吗？”

跖答：“要做个小偷并不难，要想成为一个江洋大盗，必须得讲究道义。根据我的经验，盗道只有五个字：圣、勇、义、智、仁。一看见某栋房子，能够判断这里头有没有或有多少金银财宝，这叫圣；行盗时要第一个冲进去，身先士卒，甘冒风险，这叫勇；得手后，让别人先走，自己最后一个撤离，善始善终，这就是义；做贼要讲究成功率，关键是不要被逮住，这需要智；赃物能否公平合理地分配，决定着这个盗窃团伙能否齐心协力继续从事偷盗事业，这叫仁。不严格遵守这五个字，要想成为江洋大盗是根本不可能的！”

庄子总结说：“好人学圣人，坏人也得学圣人，如果不学就团结不住人，没人听你的指挥。所以要仁、义、礼、智、信具备，才能做得起真正的大盗！”

盗亦有道。道，就是“能够容纳同一类人的生存规则”。

黑道中的人，必须共同遵守同样一种规则，才能相安无事。

有个案例是：黑道中的人在绑票之后，谈好要一百万元赎金，给钱放人。有一个人在对方还没给钱的时候，就把人放了，结果被清理门户。

在他们看来，破坏盗亦有道的规则，就是大逆不道。

而在我们的现实生活中，大逆不道的盗匪也越来越多，防不胜防。做好自身防范，才是第一要义。

有三个小偷，组成一个盗窃团伙。谁来当老大呢？经过反复争执，三个人终于达成共识，谁的偷技高，就由谁来当老大！

这时候，有一个农民骑着一头驴，赶着一只羊走了过来。第一个小偷说：“我能把那只羊偷走，我来当老大，如何？”

那只羊脖子上挂着一个很大的铃铛，走起路来叮叮当当地响。如果羊被偷走了，铃铛也就不响了，农民不是很快就发现了吗？

看来，要偷农民的这只羊不是一件容易的事情。

第二个小偷很不服气地说：“只要你能把他的羊偷走，我就能把他骑的这头驴偷走！”

这头驴由农民本人骑着，你怎么能偷走呢？

第三个小偷显得无奈：“你们都把他值钱的东西偷走了，我还有啥可偷的呢？这样吧，我把他身上穿的衣服偷走吧！”

三个小偷的口气都很大，那么，谁的偷技更强呢？口说是虚，做到是实！

偷羊的小偷先是利用自己的偷技把羊脖子上的铃铛摘下来悄悄挂在了驴屁股上，驴主人竟然没发现。

羊脖子上没有了响叮当的铃铛，小偷很快就得逞了。由于铃铛还在耳边响着，主人没有及时发现羊已经丢了。

当他发现羊已经丢了的时候，哭得很伤心。

这时，准备偷驴的小偷出现了。

他对哭泣的农民进行劝慰：那只羊现在一定还没跑远，只要你认真找就一定能找到。

农民想想也对，只是抱怨说："羊爱走小路，我骑驴走不了那种小路，恐怕不好找。"

小偷显得很真诚："我决定帮人帮到底了！你去找羊吧，我负责给你看着驴，直到你回来。"

农民很感动，把驴交给小偷去找羊。

这样，第二个小偷很容易就偷到了驴。

农民找了半天也没有找到羊，后来发现驴也被人偷走了，他伤心地来到小河边，恨不得要跳下去。

当农民走到小桥上时，他看到有一个人正在捶胸顿足，显得比他更伤心。

心灰意冷的农民看看那人，说："你有什么好伤心的？难道你比我还倒霉吗？"

那人举起手里的口袋，说："我刚才睡着了，一不小心把口袋里的一百两银子踹到桥下去了，就剩了一个空口袋，我也不会游泳，这可该怎么办呢？”

农民禁不住答道：“我倒是会游泳。”

那人马上跪下：“求你跳下河帮我捞银子，好不好？捞上来，我给你二十两。”

农民很庆幸，自己丢了一只羊、一头驴，也不过值十两银子，现在有人给他二十两银子，这真是人经大难，必有后福啊。

于是，他很快脱了衣服，跳入水中。

那人把农民的衣服一收拾，走了。

第三个小偷就这样得逞了。

讲故事的人讲完这个故事，总结道：这三个小偷为何能得逞呢？

因为这个农民缺少防范意识，他的错误有三条：因为粗心，丢了羊；轻信陌生人，丢了驴；因为贪心，丢了身上的衣服。

我把这个故事讲给家人听。

女儿听到农民连身上的衣服都被小偷偷走了，不免担心地问道：“这位农民该不会真的自杀了吧？”

我说：“农民没自杀，因为他想到年迈的爸爸妈妈正需要自己照顾，他擦干眼泪就回家了，他深深地懂得，他的生命不仅仅属于他自己，还属于他的爸爸妈妈，属于这个世界上每一个爱他的人。”

就在这个农民回到家的第二天，警察就敲响了他家的门！

原来，那三个小偷赶着农民的驴和羊到集市上卖的时候，被警察抓了个正着。根据小偷的供述，警察很快把驴和羊送到了农民的家里。

是的，农民当天的心情真的糟透了，可是，第二天他的心情就好起来了。

看来，时间，可以改变人们任何的不良情绪！

太太一听说农民的错误有三条，马上急眼了："谁在瞎说八道呢！那位农民有什么错？所有的错，都是那三个小偷的错！如果没有小偷，这位农民啥东西都丢不了！"

想想太太的话，真的是有道理。

农民又不是圣人，犯点错误很正常，任何人都可能犯的错，实在算不上是什么错，只能算是一阵风刮来了一阵子歹运气。

杀死那个石家庄人：从激情到理智只差两秒

一天下午，北京左安门某小区里一母亲要带着女儿跳楼自杀，丈夫跪在楼下苦苦哀求，女儿在哭喊："妈妈我不要……"

女人赚钱养家，就为了孩子的爸爸能给孩子一个完整的家。

男人一事无成，竟然还有外遇……

女人心中的理想顿时崩塌！

这就是这个妈妈抱着女儿跳楼的原因。

消防、警察、医护人员、亲戚、邻居、路人，轮番劝导这个妈妈："下来吧，看在孩子的分上。"

从中午折腾到下午六点，女人的怨气发泄得差不多了，也精疲力竭了，特警才趁机而入，将母女二人救下。

闹剧就这样落下了帷幕，好心人终于松了一口气。

这个女人会抱着女儿跳下去吗？标准答案是，难说，并要做好一切防范准备。

理智的答案是，她不会跳下来。

我就激情杀人与自杀问题，请教著名法医谷建平。他告诉我，一个人如果有两秒钟的头脑清醒，他就会终止自杀或者犯罪。

两秒？我几乎瞪大了眼睛。

有一组调查数据说：50% 的自杀者决定自杀的时间不足两个小时，37% 的自杀者决定自杀的时间不到五分钟。

“就两秒，只要能够冷静两秒钟，就能理智地面对一切问题。”这位办过十万多起案件，解剖过三千多具尸体的法医老兄坚定地说。

从理想大厦的轰然倒塌，到理智地处理问题，只需要两秒钟！

生活中不乏浪漫理想，直到我们理想的大厦轰然倒塌，惨不忍睹的现实生活把我们撞得头破血流！

在石家庄，我听到有这样一首歌在空气中飘荡。歌名起得很吓人——《杀死那个石家庄人》，歌词写得很家常，但是，“直到大厦崩塌”六个字，却震撼人的心灵：

傍晚六点下班换掉药厂的衣裳，

妻子在熬粥我去喝几瓶啤酒，

如此生活三十年直到大厦崩塌，

云层深处的黑暗啊淹没心底的景观。

在八角柜台疯狂的人民商场，

用一张假钞买一把假枪，

保卫她的生活直到大厦崩塌，

夜幕覆盖华北平原忧伤浸透她的脸。

河北师大附中乒乓少年背向我，

沉默地注视无法离开的教室，

生活在经验里直到大厦崩塌。

一万匹脱缰的马在他脑海中奔跑，

如此生活三十年直到大厦崩塌。

一万匹脱缰的马在他脑海中奔跑，

如此生活三十年直到大厦崩塌，

云层深处的黑暗啊淹没心底的景观。

据说这首歌的创作缘起，与靳如超爆炸案多少有点联系：

2001 年，一个叫靳如超的石家庄人，因婚恋问题与同居女友发生激烈争吵，盛怒中举起柴刀，将对方砍死。

靳如超的耳朵有点背，是九岁时生病留下的后遗症。长期以来，他生活窘困，与邻居、继母、前妻及亲属因一些琐事争吵不休。杀死女友后，靳如超自知犯下死罪，索性一不做、二不休，下决心报复所有“对不起他的人”。

2001 年 3 月 16 日，石家庄五栋居民楼相继爆炸。最终，犯下了这场大案的靳如超被执行死刑。

“如此生活三十年，直到大厦崩塌”，生活奔波苦，事事难如意，得过且过天天过，苦辣酸甜几十年，老婆、孩子还有爹娘，心中的“大厦”，让我们勇往直前，不可阻挡！

然而，如果有一天，心中的大厦崩盘了呢？比如那个拉着女儿自杀的女人，比如那个感情无所依的靳如超。

多数人二十五岁就死了，一直到七十五岁才埋，可我不愿意这样！

有的人理智思考两秒，心中的大厦迅速恢复重建；有的人一次跌倒，终生再也无法爬起来。

“一万匹脱缰的马，在脑海中奔跑！”

心中的大厦，坍塌容易重建难，无论生活中有多少烦恼与无奈，总要有一座大厦高高屹立在心中！

一念是天堂，一念是地狱。

激情已去，理智当令，清空所有的恨，装满无限的爱！

心中的大厦，美丽的地方，这里有我们的至爱亲朋，有我们的美好理想，有鲜花静静开放，盛开着最快乐的希望！

冰冷的法律怎样传递人情的温暖

孔子的学生子皋在卫国做法官。有一个门卫犯了罪，子皋依法砍了他的一只脚。后来，卫国国君听信谗言，要杀子皋，恰是这个门卫把他藏起来，躲过了灾难。

子皋问他："以前我砍了你的脚，现在我遭了难，正是你报仇的机会，你为什么还救我呢？"

门卫答："我被砍脚是罪有应得，但你在审案时，能够细心听我陈述，仔细对照法律，希望我的罪不会判那么重。到罪证落实，下判决的时候，我注意到你脸色沉重，眉头紧锁，说明你心情沉重，为对我做出这样的刑罚感到不安和难过。由此可以看得出，你是一个心性仁厚、充满仁慈的人。我救你不是因为你对我好，而是因为你有仁厚的品德。"

"法有限而情无限。"检察官面对的是活生生的、有血有肉的人，一个眼神、一句言语都可以传递一种司法温情和人文关怀。

痛恨罪恶但不痛恨罪人。对那些犯罪的人，不仅要惩罚，也要救赎。

救赎这个词并不仅仅针对罪犯，而是针对每一个人：救，是阻止人性走向更恶；赎，是找回人性本真的纯美。

上帝派来一个小偷

一名女子早上醒来，发现家中一片狼藉。抽屉箱柜被人翻过，家中两千多元的现金被盗，自己的首饰也被拿走，自己床头的地板上竟然还放着一把菜刀。菜刀是她从德国买来的，尽管放在了床头的阴暗处却依旧寒光闪闪！

丈夫不在家，来小偷了！小偷把菜刀放在自己床头，意味着什么？

她被吓出一身冷汗！

从此，她一个人再也睡不着觉。丈夫去哪里，她就跟到那里。丈夫出差，她也要陪着出差。只要丈夫不在身边，她就无法入睡。

在一次全国心理医生的大会上，她讲出了自己的苦恼，希望得到专家的帮助。

面对专家的帮助，她还描绘了她经常梦到的一个梦境：手电筒，红颜色的布……

专家从精神分析的角度认为，这位女性遇到的创伤一定不仅仅是家中两千多元的现金被盗、首饰被拿走，而是床头那把菜刀，这些都让她内心的安全感彻底瓦解了。她描绘的那个梦境，说明那天晚上一定还发生了其他的事情。当然其中的秘密，专家不能说透，说透了还会给她带来更大的伤害。

心理医生知道了这些，却无法解开这位女性的心结。内心的恐惧，让她的生活蒙上了一层浓重的阴影。

当一位心理医生了解到这位女性是一位基督徒时，暗暗惊喜，他知道虔诚的基督徒相信上帝是全能的。于是，心理医生问她："假如小偷是上帝派来的，那么，上帝想告诉你什么呢？"

她顿时愣在了那里。

心理医生接着说："《圣经》说，上帝是万能的，教徒的生活都是他安排的，上帝想提醒你什么呢？"

当天晚上，她睡得非常深，没有惊醒，也没有让丈夫陪她。六年来，她第一次睡了一个好觉。第二天，她找到心理医生，惊喜地说："我找到答案了，我知道了主想告诉我什么啦。"

心理医生伸出食指放在嘴边，做出一个要她禁语的动作，提醒她："嘘，和上帝的约定，不可说！"

心理学教授讲这个故事时，归纳了一句话：这就是心理学的价值，它不能直接改变外部世界，但可以改变我们内心世界的态度或者状态。

得到一本台湾出版的图书《中国自然疗法：情趣疗法》，感觉非常新鲜，随手翻开一则病例，当即被吸引了。

一对恩爱夫妻偶然发生口角，妻子怏怏不快，郁郁寡欢。丈夫做了深入到灵魂的忏悔，并说尽了好话，妻子就是不吃不喝，从此病倒。

丈夫无奈，向傅青主大夫求助。傅大夫听完陈述后，在路旁顺手捡起一块小石头，嘱咐他回家后放在锅内煮到八成软时，将锅中水作为药引给太太服用，太太只喝一碗即可病愈。医生特别强调，煮时要不断加水，不可离人，石头要煮到八成软。

丈夫回家便遵嘱日夜不停地煮小石头，几天几夜眼睛也熬红了，人也累瘦了，仍毫无倦意。可是，总也不见石头变软。妻子见其情景，不觉化恨为爱，转怒为喜，主动下床帮老公看火煮石，并让老公去问大夫石头为啥还不变软。

傅大夫听完笑着对病人的丈夫说："你回去吧，她的病已经好了！石头虽然煮不软，但你对她的一片诚心，已经把她的心软化了！"

读完病例，我查了一下资料才知道，历史上确有傅青主其人。傅青主是明末清初的文学家、医学家、书画家、思想家，民国时期还有出版商在出版他的专著《傅青主男女科》。

傅青主大夫的这则病例至少有两点值得学习：第一，心病还要心药医；第二，光动心不动手还不行，只有踏踏实实的行动，才能打开那个人的心扉！

女儿送别死刑犯父亲：充满温暖的生命旅程

一名男子，一怒之下，杀掉了邻居一家三口。然后，别妻弃女，远走他乡。

妻子无论如何也无法原谅他，说就算见到幼小的女儿，也会激起她对丈夫的恨。于是，她也离家出走。

可怜他们幼小的女儿，不知不觉地就成了孤身一人。尽管她任何错误也没有，还莫名其妙地成了杀人犯的女儿。

二十年后，这位杀人犯被公安机关抓获归案。他家老人去世了，妻子改嫁了，女儿也恨他。总之，没有人去看他，也没有人在乎他。

在被判处死刑后，他面对电视镜头公开道歉：向自己杀害的一家三口致歉，向自己不能尽孝的先父母致歉，向不能在一起享受家庭之乐的妻子、女儿致歉。

女儿在电视上看到了自己的父亲，非常感动，向父亲送去了最后的关爱和温暖。

这是我在电视上看到的一组画面，内心有一种被触动的感觉。

记者问心理学专家："这个杀人犯对女儿道个歉就走了，这短暂的父爱对于这位在特殊背景下长大的女儿来说，犹如昙花一现，有意义吗？"

心理学专家的回答，非常果断而坚决："这个意义，极端重要！父亲的公开道歉，至少向女儿传递一个信号，那就是在这个世界上还有亲人一直在惦记她，一直在远方默默地爱着她，爸爸即使潜逃在外也一直对她念念不忘，这种父爱对一个女儿来说至关重要，足以让她曾经感觉无依无靠的生命旅程充满了阳光和温暖！"

每个人的内心，都对爱和温暖有着强烈的渴求。可是，由谁来表达和传递这种美好的善念呢？

我习惯性地写点东西，发发微信，美其名曰：记录对自己的生命有意义的东西，分享带着生命体温的心得和感受。

今天终于明白，我写作的意义在于：传递温暖，分享快乐！

有一分光，发一分热，让更多的人感知这个世界的温暖与美好。

爱人和敌人的关系辩证：假如你爱至成伤

一个马来西亚女人，听说自己的丈夫有了“中国女朋友”，便怒气冲冲地从巴黎赶到北京。

到了北京，见鸡骂鸡，见狗骂狗。当她看到丈夫公司的狗竟然对自己熟视无睹，一点儿也不懂得亲热，便骂道：小畜生，竟然也狗眼看人低！

见到丈夫的老板，她先是一把鼻涕一把泪地哭诉，然后又像孟姜女哭长城似的奋起维权：“你们公司的管理太不人性化，对我和我丈夫也极端不负责，为什么看到他的生活作风问题也不管？你对下属和朋友的不负责任，已严重影响到我们的家庭，请马上把我的丈夫调回巴黎，对我们家造成的严重的感情伤害，我也要向你们公司索赔！”

入住丈夫居住的酒店，她便理直气壮地去找酒店经理：“你们是怎么执行外事纪律的？怎么能让那个中国女孩那么随便地进入外国人居住的场所？”

这位马来西亚女人见鸡骂鸡、见狗骂狗、见人骂人，骂遍了左邻右舍，闹得鸡犬不宁，回到与老公的二人世界，却又撒娇又发嗲，抱住老公耳鬓厮磨并道歉：“都是我的错！”

关上门，还天天给丈夫做好吃的。

骂人不过三两天，丈夫“出轨事件”就被她摆平。

这是文化人洪晃女士讲过的一个智慧女人摆平丈夫的故事，我觉得颇有情趣，便又添油加醋地重新描述了一番。

美人的心计，不过是搞定要搞定的那个人！

对于那个男人来说，不知道他感受到的是温暖，还是恐怖？

曾经分别向两位遭遇情感挫折的朋友推荐宇桐非的歌。

得到的答复是，听了《感动天感动地》，很好听，他的其他歌“不敢再听，不忍再听”。

好听，为何不听呢？

因为怕。

怕什么？

怕面对。

圣严法师有一个处理问题的十二字方针：“面对它、接受它、处理它、放下它。”大意是说，任何问题，逃避没用，总要面对它。去面对它、接受它，也就等于是处理。任何事情发生以后，你处理了，就把它给放下了。不面对，不接受，不处理，怎么能放下呢？

我认为，宇桐非的爱情歌曲，就是对情感挫折的“面对、接受、处理、放下”的一个治愈过程。

爱情挫折，智者看到的是爱，俗人看到的是伤。

“爱，直至成伤。”这是特蕾莎修女在一次演讲中的话。

爱情，是一场遇见，是一个灵魂与另一个灵魂的碰撞，是两个人的同时心动，既能让人笑得阳光灿烂，也能让人如遭阴雨，甚至伤至千疮百孔。

太爱，终究会伤了爱？

特蕾莎修女教人从伤痛中找到生命的真爱，说，假如你爱至成伤，你最终会发现，伤没有了，却有更多的爱。

爱，是来自心底最美的情感，女政治家则以此推动社会文明进步。孝庄皇后则用爱的观点治理国家：“鱼融于水，爱大于恨，王者之道，教化万方。”

你拥有怎样的世界观，就意味着你活在怎样的境界。

读张贤亮的长篇小说《我的菩提树》，我记住了作品中农民的一句话：光知道人世间最难过的是鬼门关，没想到还有一个世界观。

人世间常常有爱就有恨，所以，我们常常会把恋人称作亲密的敌人。看过一部以作家萧红为主角的电影，才发现爱人和敌人是该剧的主题，表达了女作家在爱恨情仇面前丰富的内心纠结。

电影借鲁迅之口，说：“我不到三十岁牙齿就掉光了，我装了满嘴的义齿……我如此重视自己的身体，倒不是为了我的爱人，而是为了我的敌人。”

萧红在靠自己的情人靠不住的时候，忍不住说出这样一句悲凉的话：“他们都是隐姓埋名的人，我永远无法读懂他们的真面目。”

爱人和敌人应该是两类人，爱人决定着我们的幸福指数，敌人决定着我们的安全感。

有两种人最好每时每刻都出现在你的视野里：一种是你最重要的亲人和朋友，一种是随时都可能会对你下手的敌人。

影视剧关注的是，让天下人为之揪心的故事：爱人，常常就是敌人；敌人，却是最爱你的人！

有一家婚姻咨询服务公司，部门的设置有些像医院：结婚专科、外遇专科、复婚专科、再婚专科……

他们治疗的疑难杂症有：恐婚心理辅导、意外怀孕中止、代办快速离婚、劝阻婚外情、分离小三、干预自杀。

工作人员有：情感作家听倾诉、心理医生心理疏导、律师的法律服务、志愿者的友情协助。

有意思的是，女当事人很容易爱上这里的工作人员，正如小说中离婚诉讼事务中的女当事人很容易爱上自己的律师一样。

为什么呢？

因为他们的服务工作坚持以客户为中心，客户永远是对的。无论女当事人带着怎样负面的情绪来诉说，他们都共情地面对，从不抱怨，从不反对，唯命是从！

在雇佣关系中，感受一个男人的脉脉温情，内心深处都是爱和温暖！

张爱玲似乎是一位夫妻关系专家，她很有感触地说："你疑心你的妻子，她就欺骗你；你不疑心你的妻子，她就疑心你。"

胡兰成先生更是一位恋爱问题专家，他用二分法把爱和恋分开："爱是人生的和谐，恋是人生的带有背叛性的创造。"

两位感情问题专家生活在一起，感情生活应该何等的美满和谐呢？

让人们失望的是，他们的感情生活一塌糊涂。让读者欣慰的是，他们艺术上却越来越炉火纯青，相得益彰。

凡有经历，必有收获。只是东边不亮西边亮罢了。

刑庭看命运逆转，试问人心是否可测

警察和女朋友吵架了，情急之中，女朋友被击毙。

如果是警察枪杀女友，性质何其恶劣！

此警察却一口咬定，是女朋友情急之中，夺枪自杀。

真相在哪里？侦查机关一时不知应该怎样处理。

女友枪杀案，经验尸和弹道技术认定：是此种子弹在来自五米到八米远的地方射击击中的！

此案真相终于大白于天下！

智者讲，人生无常。就是说，人生，有一定的不可预测性。

随遇而安，就是生活的哲学。

科学和文学则坚信：人生可测，前提是要把这个人的特点、外部条件都要搞清楚。

谁又能完全把这些外在条件搞清楚呢？

人，不是机器人，也不是神灵。

在文学创作中，故事是事件的罗列，而情节则是贯穿人物与事件的因因果果的内在联系。

由故事与情节的结构与组合，人心可测，人生可测。

一个杀妻嫌疑人老罗，谈起妻子满腔怒火，谈到孩子温情似水。

因为罗家和岳丈家反目成仇，孩子的抚养问题也在两家之间推来推去。

因此，孩子的生物学身份对两家都特别重要。

为了确认死者是不是老罗的妻子，司法机关做了D N A鉴定。

鉴定结论大大出乎所有人的意料：孩子是女尸的孩子，却和老罗没有关系。

如何描述才能既科学严谨，又不伤害到无辜者？

最后的鉴定结论是这样描述的：女尸不排除是老罗女儿的生物学母亲。

这个鉴定结论是科学而严谨的，同时也保守住了一个秘密：老罗不是孩子的生物学父亲。

成功是什么？问问失败者。

成功无非几样东西：一个健康的身体，一个极其良好的心态，一个充满爱和温暖的家。

对于男人来讲，一个人是否幸福和伟大，绝不在于他个人的财富、身份和地位，而在于他卓越的品格、高超的决心、渊博的知识以及解决各种困难的能力。

对于女人来讲，看女人的命运，不要看她小时候有多苦，也不要看她年轻时有多受欢迎，关键看她四十岁之后，是不是夫贤子孝。

梁衡读柳永词写下这样的感受：一个人在社会这架大算盘上，只是一颗珠子，他受命运的摆弄，但是在自身这架小算盘上，他却是一只拨着算珠的手。

每个人都在承受着命运的摆弄，扒拉着自己的算珠，经历一次次心情的洗礼。

人人都是诗人，自己写，自己读，一路走来一路歌，咏唱着人生。

俗话说：知识改变命运。其实是我们对世界的认知，也就是我们的思想，在改变着我们的命运。

天气寒凉以来，早早就钻进了热被窝，一见被窝就糊里糊涂地睡去了。

有追求的人，总是怀揣着自己的梦想入睡。

一个人上床之后、入梦之前这段时间内，正是他塑造形象、形成气质、改造思想、设计明天、改变命运的前奏。

入梦有梦，入梦前也要有梦。

治国理政与做人做事

闲暇时候读读名人的传记，看看他们是怎样做人做事的，看看他们在关键时刻是怎样决策的，也顺便感受感受他们异于常人的喜怒哀乐。

俄罗斯领导人普京是一个具有正能量的人。他认为，一个具有正能量的人必须具备两种能力。

一个是自燃能力。无论有多疲惫，遇到多大的困难和挑战，只要一出现在公众面前立马激情四射，光芒万丈，活出一种沸点的状态，无形中影响别人。

一个是自愈能力。大成者，都是大磨难者。一个出色的领导者，必须具有愈合自己伤口的能力，才有机会接受更大的挑战、变得更加卓越。

一个真正的领导者，为胜利而来，从来不怕失败。那些在别人看来所谓的失败，都只是他成长路上的垫脚石。

治国，就是治吏，老百姓不需要治。

古时县官都有两个助理，这两个助理特别重要：一个管事，一个管钱。

管事的是刑名师爷，主要负责办理刑事案件及部分民事案件，还参与治安、教化等社会事务。

管钱的是钱谷师爷，主要负责钱粮税收、公益事业及田土纠纷等。

钱和事儿都可以管，但人人都不希望被管，而人人都需要被理解、尊重和关爱。

心理学家荣格离世前叮嘱自己的学生说：“你连想改变别人的念头，都不要有！要像太阳一样，只是发出光和热，每个人接受阳光的反应有不同，有人觉得刺眼，有人觉得温暖，有人甚至躲开阳光！种子破土发芽前没有任何的迹象，那是因为没到那个时间点。相信每个人都是自己的拯救者。”

人心都是肉长的，却是由不同的肉长成的。

因此，人性有相同或相近的一面，也有分歧的一面。人和人，知识修养不一样，视野胸怀也不一样。

在不同事物面前，有人看到了事物之间的不同，成了专家；有人看到了事物之间的相近或者相同，成了智者。

人和人常常被比较。

强者相遇，勇者胜；勇者相遇，智者胜；智者相遇，仁者胜。

真正的仁者，不战而屈人之兵。

这是人格的力量。

一个人的面孔，承载着他所有的人生故事。比如，爱情和贫穷，是一个人的面孔所无法隐藏的内容。

一个强大的内心世界，一定有一个良好的生态系统，总会把那些烦恼、挫折、压抑等等不良情绪，及时转化成肥沃的土壤、清澈的河流和美丽的鲜花。

俗话说，知人知面不知心。

我们常常被假象所迷惑。

导演贾樟柯喜欢用很老的面孔来演年轻人。电影是面孔的艺术，一张很苍老的脸足以承载一个生命所有的沉重。

爱情圈套：识破骗子的花颜巧语

一名三十七岁的未婚女子，自称二十四岁，与多名男性以“未婚妻”身份交往，先后以买房、买车、整容、看病、流产等多种理由向男方要钱或借钱，之后，借故疏远或消失。

其中，一名男子发现这位女子同时还跟别的男人交往，并携手其他三名受骗男子向公安机关举报了女子的诈骗事实。公安机关将这名女子抓获后，四名男子对这个女骗子恨之入骨，强烈要求把女子判刑入狱。

法庭上，四名男子出庭来指证自己的“未婚妻”。由于证人是背对背、分别出庭的，他们并不知道“未婚妻”跟别的证人说的是什么，所以，法庭上陆续出现了几次令人咋舌的场景。

这个昔日的“未婚妻”面对证人出具的铁证，只是梨花带雨地哭，对每一个昔日男友只说一句话：“其实，我最爱的人，准备结婚的人，是你。”

女子的诡辩以不变应万变，直接打动了每一个证人的心。当庭就有两个证人放弃追究“未婚妻”的索钱行为，等她出来结婚！

由于她和每一个证人都这样说，惊呆了法庭上的公诉人和法官。

一个女子，只能和一个男子结婚。你对每一个爱你的男人都这样说，你怎么忍心说得出口呢？

女子坚持："在恋爱过程中，总是举棋不定，我可能个人品德有问题，但并无心犯罪。"

尽管该女子避重就轻，不愿承认自己有罪。然而，铁证如山，岂能抵赖？

爱情可以让人变傻，可以让一个智商很高的人变得智商为零。这样的痴情者，在现实生活中屡见不鲜。

有这样一个真实的案例。故事的女主角是某市财政局综合计划处出纳员，大学毕业。男主角是某医药公司夜班门卫，初中文化。

某年的八月，男主角以假名龙彬和所谓的广东老板、香港龙氏集团家族成员等虚假身份与女主角相识，骗取女主角的信任，并逐步建立恋爱关系。在不到三年的时间里，男主角利用女主角想与其结婚移居国外生活的心理，疯狂侵吞市财政局账下七千二百七十二万元国有资金。

这是一个办得相当成功的案件，在检察机关与公安机关的全力配合下，不但把所有的犯罪分子抓获归案，而且追回赃款赃物折合人民币六千多万元。经最高人民法院核准，特大贪污犯男女主角被执行枪决。

对，是贪污犯！他们明明知道是公款，却依然据为己有，大肆挥霍。

这一对不可思议的爱情骗局的男女主角，他们通过交友热线相识，两人很快坠入女方所谓的"偷心之恋"。残酷的现实粉碎了女主角的爱情梦想，她最刻骨铭心的爱情体验，不过仅仅是男主角一个人虚构的爱情故事而已。男主角初中文化，尖嘴猴腮，貌不惊人，绰号"大耗子"，从外在长相到谈吐修养，你很难找出他身上有什么迷人的地方。也就是这么一个人，就是这么一个口吐莲花而当初口袋里只有几十块钱的人，却赢得了众多女子的青睐，并且还都对他无比忠诚。

这个男主角有什么本事使他具有催眠术一般吸引女性的魔力呢？

（1）虚构自己的身份与家世背景。借助他人之口佐证自己出身的背景，把自己虚构的身份设置得让人感觉真实、合理、可信。男主角虚构了香港老板的身份，立足于香港，借助国内外背景，一步一步从感情欺骗入手，达到了与女主角相勾结侵吞公款的目的。

（2）爱情骗子深深懂得异性的心。男主角对女主角的"崇拜"，远远超出了正常人。初次见面，他就用眼睛注视了女主角足足有二十分钟，并情不自禁地赞叹：你的迷人让我吃惊。当晚，女主角在日记中写道："他那二十分钟的默默注视，悄悄偷走了我的心。"她是一位特喜欢读张爱玲、琼瑶小说的女孩子，对书中男女主人公浪漫的邂逅，奇异的恋情非常神往。男主角在行骗过程中，语言、情书甚至肢体语言全都用上，如果不是阴谋诡计的话，堪称世界上最浪漫最完美的"爱情攻略"。难怪有的女人会说，宁愿被爱情骗子骗三年，也不与无聊的人生活三天。

（3）爱情骗子善于编织浪漫的梦。谈到给女主角办移民，男主角一张嘴就是几个国家："移民美国吧，美国最富有；移民法国吧，法国最有浪漫情调；新西兰也挺好，没有任何污染：蓝蓝的天，白白的云，清清的水……你选择好了再告诉我。"男主角通过不断编织浪漫的梦，勾画着美好的未来，只要是与这位"白马王子"在一起，你永远也不会觉得乏味。

（4）爱情骗子善于借势发挥，化劣势为优势。男主角的真实身份是医药公司夜班门卫，因为大门口人来人往，他给女主角打电话只能选在晚上零点以后，睡梦中的女主角最初很不情愿，男主角便随口回答："对不起，我正在美国夏威夷沙滩上晒太阳呢，真对不起，我忘了时差。”

（5）爱情骗子的时间比较自由。男主角原来是夜班门卫，从女主角那里搞到钱后干脆辞职，这使得他在行骗别的女性时有足够的时间。

（6）爱情骗子行踪难定。男主角在与女主角的交往中，今天在美国，第二天在法国……女主角根本无法把握男主角的真实行踪。

（7）爱情骗子最喜欢的环境是“二人世界”。人多，嘴就杂，骗子更容易露马脚。

（8）爱情骗子都是“情绪高手”。与爱情骗子相处，如果你依了他，他马上会说：“你是我的心，我的肝，我的四分之三。”如果你不依他，他马上就会晴天转暴雨：“我实在是没办法，你去死吧，我也死！”

（9）苦肉计是爱情骗子的惯用伎俩。女主角爱上男主角，并不仅仅因为他是什么贵人、大老板，而是因为这个男人一直事业都不是很顺。他太需要女人关心，他太需要爱，太需要支持了。

（10）爱情骗子的生财之道是“造梦”。男主角之所以能够说服女主角先后动用国库七千多万元，就是因为他善于“造梦”：“咱们两人在北京创办投资公司，很快就能还上国家的钱……”

这个男主角把痴情女主角骗上了黄泉不归路，但案发后却说自己从来没有爱过她。

爱情，是一场运动，有其特殊的规律；骗局，是一个过程，有其特定的手段。爱情骗局，开始是浪漫的爱情故事，其结局必然是最心痛的爱的伤害！

没有人愿意被欺骗，识破骗局、避免被愚弄是人类最强烈的心理情感之一。爱情骗子在骗人时，能够做到沉着冷静，不露声色。这种良好的心理素质，使被骗者很难看穿其中的伎俩。无知、轻信、贪恋钱财地位、贪图享受、谬托知己……这些往往是受骗者的共通之病，但与普通的骗子相比，爱情骗子似乎更懂爱情心理学，他们竭力抓住人们对爱情的追求和渴望，制造感情骗局的突破点。

爱情骗子可以使国破家亡，江山崩溃，社稷衰败，城池荒废。所以，“美人计”很早就被兵家写进兵书。最经典的案例是吕布刺董卓，而中间起主要作用的貂蝉就是一个典型的爱情骗子。貂蝉凭着自己倾国倾城的美色，以甜言蜜语为武器，杀掉了滥施杀戮、阴谋造反的董卓，起到了文武百官甚至千军万马起不到的作用。

爱情骗子走遍天下，有三个制胜法宝：“口吐莲花的好口才，山崩于前不改色的心理素质，真诚到感动自己。”

在民间传说中，有这么一个故事。

从前，有一个叫桃红的寡妇，就是一个把男人骗得团团转的爱情骗子。她先后找了五个情人，这五个情人全是秃子。

一天晚上，大秃子提着酒、提着肉来了，两人把酒肉摆到桌子上，刚要吃喝，听到有人敲门。大秃子很紧张，问道：“是谁呀，要不我先藏起来？”

桃红说：“没关系，是我娘家兄弟，你先藏到大衣柜里吧。”

桃红把大秃子锁到大衣柜里，开了门。

原来是二秃子来了。二秃子见桌子上摆满了酒肉，便问：“是谁陪你喝酒啊？”

桃红说：“听说你要来，这些都是特意为你准备的。”二秃子很高兴，两人正要吃喝，听到有人敲门。二秃子很紧张，问道：“是谁呀，要不我先藏起来？”

桃红说："没关系，是我娘家兄弟，你先藏到二衣柜里吧。"

桃红把二秃子锁到二衣柜里，开了门。

原来是三秃子来了。三秃子见桌子上摆满了酒肉，便问："是谁陪你喝酒啊？"

桃红说："听说你要来，这些都是特意为你准备的。"三秃子很高兴，两人正要吃喝，听到有人敲门。三秃子很紧张，问道："是谁呀，要不我先藏起来？"

桃红说："没关系，是我娘家兄弟，你先藏到三衣柜里吧。"

桃红把三秃子锁到三衣柜里，开了门。

原来是四秃子来了。四秃子见桌子上摆满了酒肉，便问："是谁陪你喝酒啊？"

桃红说："听说你要来，这些都是特意为你准备的。"

四秃子很高兴，两人正要吃喝，听到有人敲门。四秃子很紧张，问道："是谁呀，要不我先藏起来？"

桃红说："没关系，是我娘家兄弟，你先藏到四衣柜里吧。"

桃红把四秃子锁到四衣柜里，开了门。

原来是五秃子来了。五秃子见桌子上摆满了酒肉，便问："是谁陪你喝酒啊？"

桃红说："听说你要来，这些都是特意为你准备的。"

五秃子很高兴，两人正要吃喝，听到有人敲门。五秃子很紧张，问道："是谁呀，要不我先藏起来？"

桃红说："没关系，是我娘家兄弟，你先藏到五衣柜里吧。"

桃红把五秃子锁到五衣柜里，开了门。

原来真是自己的娘家兄弟来了。娘家兄弟进门就说："咱妈不行了，你快点收拾收拾跟我回去吧。”

桃红简单收拾收拾东西，锁了大门就跟弟弟往娘家奔。回到娘家，母亲就咽了气。于是，守灵、下葬、圆坟，忙了七八天，哭得天昏地暗的桃红这才想起家里还锁着五个秃子。

她急急忙忙回到家，打开锁，开开衣柜，发现五个秃子全死了。

这五具尸体怎么办呢？

这时，桃红想到屡屡对自己暗送秋波的王光棍。光棍很穷，桃红原来看不上他，但是，光棍有的是力气。

桃红便找到这位光棍，说：“大哥，实不瞒你，昨晚有一位朋友在我家留宿，没想到半夜他突然死了。大哥啊，这可让我这个寡妇人家怎么办啊？只要大哥帮忙把这死鬼背出去扔掉，今后，大哥衣服破了、被子脏了，只要大哥招呼一声，我全包了。”

光棍见桃红这么信任自己，便问：“我很喜欢你怎么办？”桃红说：“大哥，今后日子长着呢，还不是你想怎么办就怎么办，不过今天这个忙，你一定要帮。”王光棍说：“这还不好办，我把死鬼背出去不就完了？”

讲完条件，光棍趁着天黑“吭哧吭哧”往外背大秃子。

很快，光棍回来了。

桃红说：“大哥，扔到哪儿去了？”光棍说：“扔到了南山上。”桃红说：“大哥，是不是扔得太近了，他怎么又跑回来了？”光棍看了看桃红衣柜里的二秃子，说：“真是的，这次把他扔远些。”

光棍“吭哧吭哧”往外背二秃子。很快，光棍回来了。

桃红说：“大哥，扔到哪儿去了？”光棍说：“扔到了北山上。”桃红说：“大哥，是不是扔得太近了，他怎么又跑回来了？”光棍看了看桃红衣柜里的秃子，说：“真是的，这次把他扔再远些。”

光棍“吭哧吭哧”往外背三秃子。很快，光棍回来了。

桃红说：“大哥，扔到哪儿去了？”光棍说：“扔到了东山上。”桃红说：“大哥，是不是扔得太近了，他怎么又跑回来了？”光棍看了看桃红衣柜里的秃子，说：“真是的，这次把他扔再远些。”

光棍“吭哧吭哧”往外背四秃子。很快，光棍回来了。

桃红说：“大哥，扔到哪儿去了？”光棍说：“扔到了西山上。”桃红说：“大哥，是不是扔得太近了，他怎么又跑回来了？”光棍看了看桃红衣柜里的秃子，说：“真是的，这次把他扔再远些。”

光棍“吭哧吭哧”往外背五秃子。

这光棍背着尸体，嘴里还气愤地说：“你这个死秃子，害得我劳累了一夜，这次我给你扔到山谷里，看你还能回来不？”光棍把五秃子扔到山谷后，东方已经泛起鱼肚白，天快亮了。

光棍在回来的路上，碰到一个拾粪的老头，这拾粪的老头也是一个秃子，看到光棍气势汹汹的样子，吓得要跑。

光棍拔腿就追，边追还边嚷嚷：“你这个秃子鬼，害得我劳累了一夜，看你还往哪里跑！”拾粪的老头不知道发生了什么事情，便说：“不要追我，我是好人啊！”光棍说：“不要以为，你拿上粪叉箩头我就不认识你了。”光棍说着，追上老秃子一顿神揍把老头给打死了。

光棍也把他扔到了山谷里。很快，光棍回到桃红家，见到桃红便问：“怎么样？秃子不会回来了吧？”桃红说：“这次秃子没有再回来，不知今后还会不会回来。”光棍说：“肯定不会了，你不知道，这死秃子本来化了装还要往回跑的，他刚跑出来，就被我一拳打倒了。”

桃红作为爱情骗子的成功，除了她的沉着冷静之外，还有一点，就是甜言蜜语、柔情似水，她让每个与他接触的男人都感觉到，他在她心中是唯一的，所以，他能将男人玩弄于股掌之间。

爱情的绝招就是怎么支配自己，而不被别人支配。当自己被别人控制又痛苦不安不能自拔时，常常就是落入了骗局。

“你帮帮忙吧，我的女儿遇到了爱情骗子。”一位退休的女士打来电话焦急地说，她找了两天，打了一百多个电话才终于找到我。这位母亲说，她女儿今年二十五岁，已经结婚了。女儿叫水果，身高一百七十厘米，体重四十九公斤，长得很甜；女婿小王是女儿的大学同学，身高一百八十厘米，是个体老板。两人婚后的生活，在老人看来近乎美满了。谁也没有想到，两人很突然地就离婚了。

办完离婚手续，小王当即泪流满面，并向水果表示：“从今日起，我开始追你，直到你重新回到我身边。”

在水果下班时分，小王开车准时到水果单位门口，准备接水果回家。

小王停下车不久，便注意到一个小伙子抱着九十九朵玫瑰也把车停在水果单位门口。小伙子身材不高，大约一百六十八厘米。水果终于下班了，让小王想不到的是，水果竟然走向那个抱玫瑰花的小伙子。

小王哪里肯依？上去对那个小伙子就是一顿揍。这个挨打的浪漫小伙子叫小张，是水果在网上认识的男友。

这是水果与小张的第一次见面。

母亲认定这个小张绝对是一个爱情骗子！因为他虚构自己的身份：妈妈是大学教授，爸爸是世界知名企业的总经理，自己也是大学毕业。

小王把小张在北京市海淀区办的外地人员在京临时暂住证复印了过来，上面写得很清楚：江苏省某市的农民。

这个小张特别懂得讨水果的欢心，每天都用眼睛盯着水果，说是欣赏美女，水果也自豪地说："他那双眼睛从来都没有离开过我，那种由衷的欣赏让我知道了什么是情不自禁。"这个小张很会制造浪漫情调，也懂得女孩子的心，认识不到三个月，大把的玫瑰就送三次了。母亲满心忧虑："这个小骗子根本没有正式工作，还动不动就消失几天，说是到外地出差了，水果根本不知道他在干什么。这个小骗子不上班，现在完全靠借贷玩拆补游戏，他开的车，也只是临时租借来的。"

母亲和小张见过面，但话不投机。当时，她问他是哪里人，有没有北京户口、干什么工作、父母干什么工作，他一句话都没有回答，扭头就走了。后来，他还对水果说："你妈妈真是没素质，连基本的礼貌都没有，初次见面就问那么多没有礼貌的问题。"

这样，连女儿都说她提的问题没礼貌，但因为他们是通过网络认识的，不是同学也非同事，所以母亲心急如焚。

母亲说要调查小张的真实身份，但女儿说："你可以调查，但不要把调查结果告诉我。"现在她说什么，女儿根本听不进去。女儿对她的好朋友说："小张身高、学历、相貌等哪方面都不如我，可是我只有跟他才有幸福的感觉，也许这就是缘分吧。"

当时水果已经与小张同居了，而且天天都不回家，只有告诉她家里有病人时，她才回来看一眼。

让这位妈妈着急的是，她不知道女儿究竟住在哪里，也不知道小张到底是哪里人，有什么背景。

面对天上突然掉下来的有情人，妈妈放心不下，急于找到解决问题的办法："小张是爱情骗子吗？如果我向公安机关报案，公安机关能把小张抓起来吗？"

这个故事还真不是爱情骗局。尽管小张为了获取水果的芳心，说了不少的假话，但他对水果的感情是真挚的。水果的妈妈是领导干部，爸爸是搞导弹的，她从小就在幼儿园寄宿长大，特别渴望真挚的爱情和家庭的温暖。他的前夫小王在婚后依然坚持陪妈妈吃晚饭，常常让新婚的妻子独守空房，没有享受到幸福的二人世界。

和小张恋爱后，水果和小张卖茶壶的爸爸妈妈打打麻将，看看电视，其乐融融。

在水果的妈妈看来，一个租来的房子，天天乌烟瘴气的，不像是个家，水果却在这里享受到了从来没有过的幸福和温暖。

社会的价值观、婚恋观正在日渐多元化，人们相识相知的途径也变得日益复杂，对于恋爱中的人，能够尽到的责任只能是必要的提醒。母亲认为小张完全符合爱情骗子的特征，她已提醒了女儿，女儿会理解母亲的忧心如焚吗？

预审检察官妙解猜疑之心

《奥赛罗》是莎士比亚最著名的一部悲剧。

对于经典作品，不同的人阅读，往往会有不同的收获。

一位反贪局的预审专家跟我重新提起这部作品，他对其中谋略的点评令我回味良久！

威尼斯公国的勇将奥赛罗，与元老的女儿苔丝狄梦娜相爱。但由于他是黑人，婚事未被允许。

两人只好私下成婚。

奥赛罗手下有一个阴险的旗官伊阿古，为了除掉奥赛罗，他向元老告密，不料却促成了两人的婚事。

他又挑拨奥赛罗与苔丝狄梦娜的感情，说奥赛罗的副将凯西奥与苔丝狄梦娜有染！

这怎么可能呢？这对情人敢于不顾风险、私下成婚，能那么不珍惜吗？

可是，这位奥赛罗为人正直，对于一些丑恶的事情极度厌恶，做事鲁莽。他听到了伊阿古的谎言之后，想到他的副将凯西奥确实比自己更有女人缘，心里就悄悄产生了对妻子的猜疑。

为了制造证据，伊阿古让自己的妻子把奥赛罗送给苔丝狄蒙娜的手帕偷走，并告诉奥赛罗说苔丝狄蒙娜把手帕送给了凯西奥。

生气的奥赛罗来到妻子身旁，假装说自己头疼，需要一块手绢，让苔丝狄蒙娜拿出自己送给他的手绢。而苔丝狄蒙娜怎么能拿出丢了的手绢呢?

愤怒的奥赛罗认为妻子不忠，证据确凿，也不听妻子的解释。

最后，妒火中烧的奥赛罗不能自拔、陷入困境，在愤怒中掐死了自己的妻子。

就在这时，受冤的凯西奥拿到了伊阿古设毒计的证据，在证据面前奥赛罗后悔万分。他突然明白了妻子的忠贞，不胜歉疚愧怍，号啕大哭唱着：犹忆临终一吻!

他为错杀了自己的爱妻悲痛不已、拔剑自刎，倒在了苔丝狄梦娜身边……

预审专家讲到这里，款款地评论说，这个故事有两个可圈可点之处：

第一，猜疑之心，人人都有，即使热恋当中的人也不例外；

第二，伊阿古假话连篇，他能够拿出的唯一真凭实据就是那个手帕!

猜疑之心，是一把双刃剑，把握好可以成就一个人，把握不好也可能葬送一个人的一生。

作为预审检察官，面对涉案人员，只要能激发对方的猜疑之心，拿出为数不多的真凭实据，就可以攻无不克，战无不胜，找到事实真相!

预审专家又讲了一个故事。

解放军对敌近距离作战的时候，敌我双方都善于重用情报人员。敌我双方都有这样的情况：有人莫名其妙地失踪，又有人莫名其妙地归队。

因此，间谍侦查科的工作，就显得特别重要了。

这一天，侦查科通过情报调查证实，我军抓获五个对方派过来的奸细。经过审讯，两个人承认了，另外三个人无论如何也不承认。

于是，侦查科长向首长请示，这五个人应该如何处理。

首长问：你的意见呢？

科长说：对招供的两个人从轻处理，放掉；对死不认罪的三个人执行枪决！

首长问：那三个人的证据扎实吗？

科长说：扎实，就是缺口供。

首长说：全放了，让敌人枪毙他们去！

科长敬礼：保证完成任务！

首长的意思很明确，让敌人枪毙那三个人去！

这个任务很难完成啊，这三个人宁死不屈，誓死保守敌人的秘密，如果放了，敌人能不表扬他们，还枪毙他们？人家科长向领导保证，一定能完成任务！

怎么完成的任务呢？

科长在放人之前，对招认的那两个人说："俗话说，不打不成交，从此以后，咱们就是朋友了，希望你们回去之后，多支持我们的工作，咱们要继续保持联系。"

科长对拒不供认的三个人，什么也没说，就把人逐出军营，算是放了人。

五个人回到敌营。敌人的侦查科长也对他们进行了审讯。已经供认的两个人胆子比较小，只好实话实说。

侦查科长问：对方给你们布置任务了吗？

两个人尽管被隔离审查，但回答的口径很一致：就是保持联系，要暗中配合对方的工作。

敌人的侦查科长也对另外三个人进行了隔离审查。三个人的回答也很一致：我们在敌营被抓，我们什么也没承认，敌人就把我们放了，放我们的时候，什么也没有说！

可能吗？可信吗？没有证据，人家为什么要抓你呢？你们什么也没说，人家为什么要把你们赶出军营？把你们赶出军营，还一句话也不说？

敌人的侦查科长不相信。

侦查科长的首长也不相信！

这位敌军首长终于下命令：对招供的两个人从轻处理，放掉；对死不认罪的三个人执行枪决！

审讯专家总结说：我军利用敌人的手，完成了我们的任务！这在策略上，叫作借刀杀人！

借刀杀人策略的关键点，就是能否激发对方的猜疑之心。激发了对方的猜疑之心，就改变了他对某个人的看法，就改变了他对某件事的认识，就改变了他心中的世界。

一个人的心变了，他眼里的世界就变了。

劝阻自杀屡试不爽的三句话

某市公安机关110指挥中心披露，根据他们对参与救助的近千例自杀事件的统计表明，85%以上的自杀原因是“为情所困”。

“为情所困”的自杀，也被称之为殉情。

恋爱者为何会在幸福的最高层陨落？人世间还有哪些比活着更美好的事情？

为此，我曾经专门对自杀现场回来的上百个殉情者进行了专访，并走访了相关专家。在此，我分享几点心得。

让我以殉情为例，看一看自杀者是怎样一步一步走进思维死角的。

人与人之间的情感世界，因人而异，状态万千，就像大自然中没有完全相同的两片树叶，感情生活中也绝没有雷同的人生故事。可以说，一百个人就有一百个爱情故事，一百个殉情者会有一百种殉情动机。

感情是一个极端个人化的东西，不同的人有不同的人生体验与感受。

因一时感情冲动导致的殉情自杀，是殉情事件中的突出现象。这种殉情，完全是盲目的，是一种人生意义的迷失。这类殉情者的殉情只是一个临时性的决定，也只是在很短的时间内就做出了殉情自杀的行为，结果还没等到他明白自己的行为是怎么一回事时，就已经付出了生命的代价，再也没有机会搞明白了。

我努力寻找这类殉情的意义，答案让我感到不可思议。

很多曾经殉情自杀而被挽救回来的人，在接受我的采访时，他们根本说不清当初为什么会选择死亡。一些因为失恋而有自杀经历的人回忆当初时，只记得自己当时为情所困，不能自拔，痛苦绝望。他们甚至说不清当时是为谁选择的自杀，也说不清当时对那个失去的恋人到底是恨还是爱？也根本说不清是恨自己，还是更恨那个失去的恋人？很多人的殉情就是由于走进“为情所困”的死胡同后，在外界情境不经意间的刺激下，便一时冲动选择了不归路。

这种冲动性的殉情自杀不是偶然的，而是大量的。

劝阻自杀，把握时间点，是一个重要的关键点。

想自杀可能就是一种心理疾病。调查却表明，我国93%有自杀行为的人没有看过心理医生。

健康的生命天天都生活在阳光里，总是想着自杀的人总生活在某种阴影中。

这种阴影并不是某种痛苦的阴影，而是来自一种灰暗的心理。

有阴影的心理，就不是健康的心理状态。

莎士比亚说：“悲痛足可证明爱情的深厚，但过度的悲痛，却足以证明一个人的不明事理。”

有自杀念头的人，当时很少考虑自己的死会给周围的人带来不健康的心理影响。权威的调查结论说，每一个人自杀都会对周围至少五个人产生巨大的心理影响！

自杀者周围的五个人都是什么人呢？他的父母、兄弟、姊妹、亲戚、好朋友，都是自杀者最亲最近的人。

一个人去了，这种悲痛绝望的心理阴影将笼罩五个人的一生一世，这是多么可怕的事情！

一位研究预防自杀的专家这样警告有自杀念头的人：

想想是谁替你收尸？是谁抹去地上的血？是谁直面你变形的遗容？

只能是你的父母、你的儿女、你的恋人，你把不幸和恶心强加给了跟你最亲、最近的人。

自杀专家用这三句话劝阻自杀，屡试不爽，足以打破自杀者的思维定式。只要能打破对方的思维定式，对自杀者有所触动，就是最佳的自杀干预措施。

人生没有绝路，却充满了看不到希望的人。思维一旦进入死角，其智力必然在常人之下。所以，大仲马才有感而发：“人类的一切智慧是包含在这四个字里面的：‘等待’和‘希望’。”

女儿出门在外的十五条“军规”

要有自我防范意识：记住天下有贼。

某公安分局民警安排了一次测试，由一名民警在某大学城驾驶名牌轿车，以找不到路为由搭讪女大学生。结果被搭讪的五名女生中，有四人上了车。其中两名女生还在闲聊中透露了自己的姓名、院系、联系电话。测试结束后，民警亮明身份，询问她们为何轻信陌生人，得到的回答让民警哭笑不得：在校园内、白天、看民警面善、遇到危险可以跳车……

（1）坚守正确的价值观，就不会吃亏受骗。一些女孩追求物质或异性的追捧，容易被人诱惑。不要相信白雪公主和王子的故事会发生在自己身上，这一点对女孩子也是铁律。相似的家庭背景、学历和经历、工作状况、经济收入才是恋爱和结婚的基础和保障。

（2）遇到好事问一问，会不会是骗局？永远不要相信“天上掉馅饼，刚好砸到你”这样的故事。骗子给你画的饼有多大，挖的坑就有多深。

（3）永远不要相信手机里那些自称警察、法官、银行、社保和公务人员所谓的犯罪、中奖、返税等说法，永远不要在其语言威胁下关闭手机。

遇见这种情况，一是立即挂机；二是立即给父母打电话；三是立即拨打110。

（4）永远不要相信那些自称是导演、星探、经纪人、富二代、官二代等人的话。

（5）警惕陌生人的车和标志不齐全的公共车辆，一旦上车，过快的车速、车内封闭和狭小的空间会使你失去反抗和逃生的机会。

（6）警惕在校外公共场合异性的搭讪、问路、借打手机和借钱等，在公共交通工具内，尤其是单身长途旅行，不要理会邻座的旅游邀请、留电话和其他联系方式等要求。

外出吃烧烤，记住这三条。

2014年9月3日，义乌女大学生小倩和同学去吃烧烤，服务员在明火未熄灭的情况下，往炉子里添液态酒精，蹿出的火焰瞬间吞噬了小倩。酒精燃点很低，小倩又处于温度更低的内焰中，如果她当时能迅速脱掉衣服在地上打滚，就不会严重烧伤。但从监控视频看，小倩坐在地上“手舞足蹈”，增加了可燃物和氧气的接触，加剧了燃烧。而小倩的同学也因自己轻度烧伤，没能及时帮小倩灭火，最终小倩全身80%烧伤。

（7）小心用火，注意防火，打滚才能灭火，“手舞足蹈”只能加剧燃烧。还有一个常识是：火灾时很多遇难的人是被烟熏死的。孩子遇到火灾，如果身边没有水源，可往脱下的衣物上撒尿，再将被尿液淋湿的衣物捂住口鼻逃生。

（8）记住古话“占小便宜吃大亏”，永远不要占小便宜。陌生人请你吃饭、喝酒、送小礼物，坚决不吃、不喝、不要。谨防食物里有药物、毒品，礼物里有违禁品或暗藏电子仪器。

（9）永远不要在家以外的地方醉酒，这对女孩子而言是一条铁律，因为这样你会面临失德、失仪、失态、失言，甚至失身的危险。

记住六个忠告，加强安全防范。

2014 年 8 月 9 日，重庆女大学生小玉，在上了黑车后给母亲发了一条短信说：自己上错了车。小玉的母亲看到短信后并没有担心，次日上午给女儿打电话才发现女儿已经失联。有网友吐槽，她的母亲联系朋友去接女儿，居然连朋友的车牌号都没告诉女儿，知道女儿上了陌生人的车，竟然表现得“漠不关心”。

妈妈会对女儿的安全如此漠不关心吗？不会，只是这位家长缺少安全防范意识，以至于孩子也缺少自我防范意识。家长在危急关头再一次失职，让一场悲剧再也无法挽回。

女大学生频频“失联”并一再导致悲剧发生，一个普遍存在的原因是：这一代人都是在父母的过度保护下成长起来的，在单独处理事情时缺乏与别人沟通的能力，更疏于自我安全防范，自己遇事不够冷静，也激怒了对方。

女孩子出门远行，应该从以下几个方面加以防范。

（10）游必有方：有出行计划时，一定要提前将目的地、时间、同行人员等告诉父母。其中要包括每处最可能联络到你的地方，你有可能会见到的人。并时刻和家人、亲友保持联系。

旅行中，第一要务是保证通信畅通；二是保管好现金和银行卡；三是入住正规、最好是星级或全国连锁酒店。

（11）有险必报：出门前最好能将行程所需要用到的交通工具及乘坐方式铭记于心，绝不上所谓的“黑车”。上车后把车牌号发给家人、朋友。虽然世界没有那么险恶，但还是不能轻信陌生人，要时刻保持警惕之心，尽量把活动范围控制在人群中。

（12）低调出行：永远不要显露钱财，记住古人说的“财不外露”。在公共场合不要炫富，否则只会换来两个结果：一是让坏人惦记，二是让其他人看不起。

有些时候，你身上一穷二白，却被歹徒认为有钱，这样相当危险。同时，也不要被那些炫富的人所迷惑，一是真正有钱的人不希望别人知道，二是别人钱再多也不是你的。财色外露也是争强好胜的一种，出门在外，低调为主，女生穿着不要过分暴露，也不要珠光宝气，否则都会成为你被歹徒盯上的原因。

（13）遇险不惊：永远记住人多的地方更安全，尽量避免夜晚单独外出或穿街走巷，遇到危险要保持冷静，只有镇静才能挽救自己。因为只有镇静才能头脑清楚，才能寻找脱离险境的最佳办法。遇到坏人威胁时，他越是张牙舞爪、越是声色俱厉，其实他的内心越是恐惧。这时候，不要惧怕，一定要冷静，麻痹坏人，找寻机会。不要激怒对方，实力相差悬殊不要轻易还手，宁舍财不舍命，呼救时可以直接喊“救命”，也可以喊“着火了”。

（14）不轻信：不要轻易加聊天工具的好友，不要相信网上那些以失恋者、重病者、落魄者、孤独者身份出现的网友，不要被他们所谓的孤傲、追求自由、身陷困境等所迷惑。当那些网友提出借钱、资助等要求时，永远不要给他们钱，并且立即将其拉黑。

（15）会报警：无论在哪儿，无论是遇危险、遇困难，还是与家人和朋友失联，首先记住拨打 110 求救。

抑郁症患者和她的狗大夫

有一位李女士，患有癌症、抑郁症和精神分裂症。偶然在深圳的大街上，她看到有人在卖狗，五只狗宝宝，特别可爱，只是狗宝宝还不满月，只会爬，还不会走。她突然想到自己平常读书报，了解到一则科普常识：养宠物是可以治疗疾病的。

那就买一只吧？怎么带回家呢？还是不买了吧！

李女士这样想着，还是递出了钱：三百元！

自己已经决定不买了，为啥又交钱呢？精神分裂症患者嘛，自己管不住自己！

卖狗的收了钱，说："先收下这三百元现金，狗主人是否卖，还需要面试呢！"

买狗还要面试？李女士有一种被骗的感觉。

卖狗的说，他只是代卖，要面试是狗主人的要求，也许是狗主人想要以狗交友吧！

李女士内心颇不愉快，还是决定参加面试。

三位主考出场了：狗妈妈、狗主人、还有狗主人的老板丈夫。

狗主人先说出了卖狗的条件：第一，得是深圳人，他们想狗儿女时，可以去探望；第二，得养过狗，对狗有感情，不得在不喜欢时把狗扔掉；第三，现在狗还小，得两个月后才能带狗宝宝走！

李女士一听就烦了："我是广州人，不是深圳人；我从没有养过狗，不敢保证能养好；不管小狗有多大，现在就要带走！"

"李女士，你有诚意不？"狗主人的丈夫趁机抬价，"狗宝宝涨价，五千元一只。"

这时候狗妈妈过来了，见了李女士，它没有嚎，没有叫，只是过来拥抱李女士，又是舔脚，又是亲手，那种亲热劲儿，俨然是一家人！

目睹此景此景，狗主人感动了！不是一家人，不进一家门，当即做出一个决定：狗宝宝就卖给你啦！家在广州不是问题，现在交通方便，想狗宝宝时，我们可以开车去看；没养过狗，也没事儿，遇到问题，可以随时打电话，寻求帮助；现在要把狗宝宝带走，也可以！

狗主人的丈夫也当即表态：一分钱不收，随便选一条狗，送您！

看来，狗主人的丈夫听太太的，太太听狗妈妈的，这就是缘分。

李女士想尽一切办法，终于把狗带回广州，带到自己的家。跟丈夫交代：这位狗宝宝，叫乐乐，姓周。

丈夫很不解：你买的狗，应该姓李，干吗姓我的周？

李女士认为丈夫说得有道理，嘴上却拧巴着说："周乐乐比李乐乐好听，当然要叫周乐乐。咱也论论辈，我是狗宝宝的姐姐，你是狗宝宝的姐夫！"

丈夫又不高兴了："这狗宝宝还不到满月，你当狗妈妈，我当狗爸爸，就像一家人，不是更好吗？"

李女士很欣赏丈夫的接纳，但还是坚持自己的主张：我不想当妈妈，就喜欢当姐姐。

丈夫又宽宏大量地回答："也好，当狗姐姐、狗姐夫年轻，民主！"

后来，狗宝宝在这个家愉快地生活着，给这个家庭带来了无穷的乐趣，竟然成了李女士的狗大夫。

遇到缘，遇到爱，遇到温暖。

李女士在狗大夫的陪伴下，让纠结痛苦的日子开出了一朵朵甜蜜而快乐的花朵。

三句话打开对方的心头锁

哪些人正处于生命的危险状态

有一本老警察写的书，书中提到这样一个安全理念："一个人如果脱离了正常人的生活轨道，过着与大多数人不一样的生活，就处于一种危险的状态。"

那么，什么叫脱离正常人的生活轨道呢？我简单地总结了以下三十种情况，如果你同时具备了七种以上的情况，那么，你的生命就处于危险状态。

个人的安全意识与周围环境的不安全因素：

（1）一个人出门在外。结伴出行，彼此相互照应，会提高安全指数。

（2）与危险的人在一起。区别哪些人对自己有危险，是生命的智慧。

（3）轻信陌生人。骗你的人，都是你信任的人。

（4）激怒他人。无论遇到任何争执，都要以和为贵，不要有激化矛盾的不安全行为。

（5）不遵守公共秩序，违反社会公德的行为。不知不觉间，把自己置于危险之境。

（6）家庭矛盾尖锐。尖锐的家庭矛盾，如果不及时处理，就会引发各种冲突和伤害。

（7）忽视安全、忽视警告。莫道生命值千金，忽视安全等于零。

（8）危险场所。在必须使用个人防护用品的场合，忽视其使用。

（9）粗俗暴力的言行举止。说脏话，侮辱人、打人、骂人等行为。

（10）侵犯、干涉他人的正当行为。

（11）未经别人同意，随便拿别人的东西等其他影响别人财物的行为。

（12）为了达到自己的目的，而损害别人的利益。

（13）遭遇挫折，不从自身找原因，只是怨天尤人。

不良嗜好：

（14）网瘾。对网络的过度使用，甚至是病理性的使用。

（15）酗酒。对酒精形成依赖，无法自拔。

（16）赌博。嗜赌成性，债台高筑，渐渐失去了对自己命运的主宰。

（17）吸毒。吸毒让人成瘾，会让人渐渐变成诈欺型人格，谎话张嘴就来，对世界充满恶意，以算计别人为乐。

（18）小偷小摸。一旦发现小偷小摸的行为，一定要挖掘他内心深处的阴影，才可能从根本上解决问题。

（19）撒谎。说谎有三个层次：讨别人欢心；夸耀自己，装派头；自我保护。一个说谎成性的人，是不会有真朋友的。但是，欺骗坏人，却是保护自己的需要。

性格因素：

（20）抱怨。怨天尤人，遭遇挫折，指责他人。总是抱怨的人，永远不受欢迎。

（21）易怒。一个充满暴戾之气的人，内心阴暗，杀心重，凡事做得狠，容易走极端。“好汉不吃眼前亏”，不要激怒可能伤害你的人。

（22）言语刻薄。言语刻薄的人，轻视他人，暗藏祸根。

（23）莽撞。言语和行动非常粗鲁，做决定非常轻率，容易因小失大，顾此失彼。

（24）偏执。疑心重，把别人的好意误解为敌意或歧视；过分自负，总认为自己正确。

心理因素：

（25）侥幸心理。书中写的故事，也许你五百年也遇不到一次，但你也一定不要认为此类事情与你无关，一定不要认为自己是一个例外。

（26）“经验”心理。凡是有危险的现场，情况瞬息万变，要时刻注意危险的“刺激源”，随时做出应对。“沿着旧地图，找不到新大陆”。

（27）自我表现心理（逞能）。见义勇为，不仅仅需要勇气，更需要智慧。我们需要“见义巧为”，一个巧字，内含无穷智慧，在危险面前不可蛮干。

（28）逆反心理（赌气）。除了自己的亲生父母，没有人能接受你的蛮不讲理。怎么能和比你强大的人，并且可能伤害你的人讲理呢？

（29）反常心理（烦躁）。心平气和，方能稳操胜券。不要慌，不要急，不要怕，伺机而动。

（30）从众心理。安全意识要从众；智慧脱险，要独立思考，水来土掩。

微信圈正在流行一个段子：有两个不到十岁的英国孩子，屡屡识破绑架分子的每一个花招，就因为记住了家长的一句话：“大人遇到困难，只会向大人寻求帮助。如果大人向你求救，你一定要拒绝。”

这是小朋友与大人交往的自我保护的原则，也符合咱们远离生命危险状态的两条原则：不要轻信陌生人，不要与危险的人在一起。

《小红帽》是一个古老的寓言故事，最早的版本是小红帽脱光衣服，躲进棉被和野狼一起睡觉，最终遇害。轻信陌生人，总是很危险的。

到监狱看看，一辈子不想犯罪

根据既定的工作安排，我去司法部燕城监狱接受了一次警示教育，心灵颇受震撼！

给太太连发三条短信，汇报思想。太太不解，嗔怪说："怎么了？那里比家还好？"

我解释说："不能简单说好与不好，我体验到的是科学：科学管理，科学饮食，科学生活！"

在监狱参观体验的活动内容有三项：听监狱长介绍监狱情况；听职务罪犯做劳改的汇报演讲；走进高墙电网，与犯人近距离接触，体验罪犯的劳改生活。

燕城监狱，位于河北省三河市燕郊开发区，是司法部唯一直属的中央监狱。这里关押着三类服刑犯人：职务罪犯、外国籍罪犯和普通刑事犯人。据介绍，在这里服刑的犯人有六百多人，外国籍罪犯有四十多人，职务罪犯有六十多人，其余为普通的刑事罪犯。

给我们做劳改汇报的服刑犯人，原来是一位副部长级的银行副行长。这位原副行长涉案金额一千二百万元，被判处无期徒刑。现在，太太在国家机关工作，女儿在香港工作，一家人团圆是他今生最大的夙愿。

原副行长的汇报对我很有触动。第一，是他人生观的改变。他现在的幸福观是：清心寡欲，淡泊名利，一家团聚，无忧无虑。说实在话，无忧无虑的境界，那是很难做到的。

第二，服刑之后，身体好了，病没了。这位副行长在工作岗位上时是高血压，用药不能断。来到这里接受劳动改造之后，每天坚持跑步，吃监狱的普通饭菜，现在药也停了，血压也正常了。

第三，他频频使用羞辱一词。我没有统计他在演讲中一共用了多少次，看来，荣誉的丧失，比一千二百万元上缴国库更让他不舍。

听完原副行长的报告，有同事问："这个人怎么不哭呢？"我私下谈了我的看法："从中纪委双规到法院判决，他经历了两年的时间，可能有多少泪都流干了吧！"

我们没有录像和拍照，也没有提问，还是怕他感觉难堪。

我们参观体验的一个重要内容是走进高墙电网，与犯人近距离接触，体验罪犯的劳改生活。

走进高墙电网，监区中央是一个巨大的运动场。有两队服刑犯人在出操，运动场很大，他们互不影响。我看了看这些犯人，感觉他们八成以上都比我年轻。到了我这个年龄，脾气都基本给历练没了，贪欲也基本没了，就想活得再长一些了。

我们来到外国籍罪犯服刑的监区。他们正在学唱中国歌曲，学写中国汉字。监狱是一所特殊的学校，也是一个特殊的表达与传递爱心的地方，但愿他们出狱之后，能把在这里学到的中国的文化带回自己的国家。

让我最难以忘记的是监狱食堂。我们去参观的时候，首先映入眼帘的是一个巨大的营养搭配表。狱警介绍说："犯人的伙食标准是一个月一百七十元，专款专用，严格控制。”

有时为了逢年过节的会餐，可能每天还要扣下几角攒着。犯人的饭菜，是先根据人体的营养需求，来确定饭菜的搭配，然后，确定饭菜的品种，实行招标供应的。

一位厅长说：“监狱营养配餐做法很好，回去给单位食堂建议一下。”

狱警摇摇头说：“现在除了监狱，几乎所有的食堂营养都超标，并且是严重超标！”

在参观中，我看到有些犯人已经吃完饭，吃得都很干净，没有剩的。我问：“他们能吃饱吗？”狱警说：“能吃饱，如果不够吃，还可以再多要一个馒头。”

参观食堂的操作间时，我看到做饭的师傅都很规矩地站成一排。狱警说：“他们这些做饭的，也都是服刑犯人。”

参观完食堂，就结束了我们在监狱的学习活动。陪同我们的狱警总结说：犯人来这里服刑之后，身体普遍比在外面好。

应该说，监狱的生活还是有一定科学性的：戒烟戒酒；用钱限制在三百元以内；一个月一百七十元的伙食标准，基本能吃饱，营养能达标，不会有浪费；强制跑步，必须锻炼。

监狱的生活，是一种有节制的生活、有规律的生活，也是一种科学的生活、文明的生活。这位狱警还很自豪地说：“看一个监狱管理得是否文明有序，要从犯人身上看。你看，咱们这里的犯人，脸上有喜色，目光很灵活，表情很丰富，待人有礼貌；有的监狱的犯人，目光呆滞，死气沉沉，粗暴无理，满脸怒容，那都是思想工作没做好。”

目光呆滞，死气沉沉，粗暴无理，满脸怒容？咱们周围不是也有这样的人吗？他们的思想工作，应该由谁来做呢？

服刑“大领导”，怎样给犯人做“思想工作”

一位“大领导”犯事进了监狱。进了监狱，大领导就不是大领导了，如果心态调整不好，每天面临的都可能是切身的痛苦。如果能想开，就能拔离痛苦，活出新的更大的人生格局，再次赢得人们的尊重。这位前任的大领导，就重新活出了自己的味道。

在监所，常有一些官员犯事后哭哭啼啼、捶胸顿足，似乎痛苦得再也活不下去。

这时候，大领导便悄悄来到他身边。

终于，对方的哭声变成了尖叫：“领导？您……”

“别叫领导了，咱们都是一样的，平等的。原来咱们都太在乎职务、权力、人际关系的那些外在的风光。进来后，那些名缰利锁的事情都没有了，反而可以想一些人生的根本问题。对于活着来说，其实，并非坏事。”

“君子小人本无常，行善事则为君子，行恶事则为小人。”有前任领导苦口婆心的劝说，效果自然很好。后来，监所管理部门只要遇到那些过度抑郁的犯人，就会请这位前任官员出来“做思想工作”。

据这位大领导说，他在里面的一次次开导，比原来在礼堂里给上千人做报告，水平高多了，效果也好多了。

为啥效果那么好呢？一是，自己谈话的内容，都是自己的切身体会和感受；二是，设身处地地想让别人过得好，尽快地适应环境。

毕竟，只有来自心底的话，才能打动对方的心呐！

余秋雨先生在《君子之道》一书中，专门拿出一个章节来讲《君子之狱》。余先生调查过一些人的改造过程，总结为：君子之狱，是一种心理超越；君子之狱，是一种人格飞跃；君子之狱，是一种灵修音乐；君子之狱，是一种精神山岳。

监狱，是一个炼狱之地，身体并不自由。

伊朗有句谚语说："出狱的乞丐，比囚禁的国王幸福。"

英国有句谚语："自由中的一粒豆，胜过监狱里的一颗糖。"

不同的人，入住监所，活出不同的味道。

"人生世间，为何不能来去无留恋？感情使然。爱情、亲情、友情皆居其中。人生如无感情，人世便不会有真、善、美，恰如大地没有空气、阳光和水分，空剩罪恶的沙漠，万物不衍，寂寞无边。所以说：人生一世，爱情、亲情、友情缺一不可，三者缺一是人生大憾，三者缺二人生可怜，三者俱缺则活而如亡。请珍惜漫漫人生途中那可贵的爱情、亲情、友情。"

艺术不能让我们生活得更美好，却能让我们的心灵更丰富更充实。

在感情这件事上，男人很理智，有思想，难见行动。女人是感情动物，以感情支配行动。

所以，女人的人生，是人生；男人的人生，是人生哲学。

电影《追捕》中女主角有一句滚烫的情话："如果你是罪犯，我就是你的同谋。"

女主角说的这句话，被震撼的不仅仅是恋人的心呐！

亚当·斯密有一份耐人思考的研究成果说："一个骤然富贵的人，即使具有超乎寻常的美德，一般也不令人愉快！"

这个研究结论很有意思。如果你是暴发户，就一定要有免疫力啊，大度一点儿，别让自己输在刚刚开始的成功上。没事的时候，不妨自嘲一下：

"听说你过得不开心？那我就放心了！能不能说点儿你不开心的事儿？让我们开心开心？"

看守所的故事：换位思考悟人生

一位死刑案件的被害人家属，找到承办此案的公诉人熊红文，提出要见见在押的犯罪嫌疑人。

死者的妹妹是位大学生，她读书的生活费用全靠哥哥供给，兄妹的感情非常深。哥哥的突然遇害给了她巨大的打击，当她得知凶手落网后的第一个念头是：杀害我哥哥的是什么人？我哥哥为人善良忠厚，与世无争，他为什么要杀害我哥哥？为什么？

这些问题一直如噩梦般困扰着她，无法驱散。她很想让犯罪嫌疑人给她一个交代，并当面向她道歉，这样她的心理创伤也许能得到一些安慰。

能让他们见面吗？

没有任何规定表明可以安排双方在庭前见面。

怎么办呢？

"不伤法理，不绝人情，是执法的最高境界。"这是公诉人熊红文笔记里的一段话。

由于我在单位负责警示教育节目的制作，见见干坏事的那个人，也成了我的日常功课。

“你看他腰背挺直，两腿拿桩，双手一般都在桌下。进门环视，到哪里都是不动声色，认真听人讲话，其实周围的动静，他也都了然在心。这种人即使在闭目养神，也是能应付突发事件的。”

看到这段文字描述，似乎在描述一位隐居民间的武林高手。非也，作者是借助他人之口在描述作家本人。

这位作家被打入牢狱多年，他的坐相是监狱中练出来的。能把作家文人操练成武术家的气质，监狱一定是“功不可没”的。

看来，什么样子的环境，就能塑造出什么样子的人。

经济学关心如何赚钱，政治学关心如何分钱。搞不明白如何分钱，赚钱就成了危险的事情。所谓政治经济学，就是既考虑赚钱，又考虑分钱的学问。

某国企董事长由于没有解决好赚钱与分钱的关系，被检察机关送进牢狱。亲朋好友都为他的“三高（高血糖、高血脂、高血压）”身体而放心不下。

他在半年后出狱的第一天，便去做了体检，体检结果非常不错：高血糖，没了；高血脂，没了；高血压，也没了。

半年不见，他仿佛换了一个人。尽管他身体空前地好，但是见过他的人还是都感觉他明显老了不少，看上去皮肤有些松弛，肉皮很明显地耷拉着。

相关专家感慨说：被动减肥，就是这样的效果，而运动减肥，才能让肉皮紧绷绷的。

读过一本法医的作品。法医在书中表达了这样一个观点：“监狱的服刑犯人，常常会成为最长寿最健康的人。”

我觉得这个观点比较有意思，就转发到我的私人微信号上。

我的检察院同仁当即留言表示赞同：“我十年前曾在监所检察部门工作，接触犯人的机会较多，有的坐了七八年牢，不承想竟将原来一身的富贵病都彻底治愈了。不用打针，也无须吃药，只是生活规律了，再就是他们能把一切都放下了，心无杂念，更无私欲，就如同一心向佛一样，哪有不长寿的道理呢？”

作为生活自由的人，谁能做到像服刑犯人一样严格要求自己呢？

有规律的健康生活，确确实实是一种修行。

只有欣赏他人，才能照亮他人；只有照亮他人，才能照亮自己。

中国台湾作家林清玄欣赏过一个高明的小偷：“像心思如此细密、手法那么灵巧、风格如此独特的小偷，又是那么斯文有气质，如果不做小偷，做任何一行都会有成就吧！”林清玄的欣赏从此改变了小偷的一生。这位高明的小偷由于受到别人的欣赏而脱胎换骨，决定重新做人。终于从一个小偷奋斗成为一名大老板。

余秋雨曾经写过一篇《为自己减刑》的文章，他对一名服刑犯人的“学习态度”非常欣赏。他的一位朋友入狱后学习英语，出狱时带了部六十万字的译稿，准备出版。文章写道：“人类的智慧可以在不自由中寻找自由，也可以在自由中设置不自由。”

有一位女性，她的犯罪完全由于她对某个男人的爱。这种常人无法理解的爱，促使她在情感失落时，用铁炉钩子在她心爱的男人身上刨出十七个窟窿，并导致男人终生偏瘫。这名故意伤害男人的女子理所当然地被关押到看守所，就在被看守所关押期间，这名女子被检查出已经怀孕三个月。依照法律规定，该女子被取保候审。后来，法院以故意伤害罪判处该女子有期徒刑七年，终审裁定监外执行。该女子从看守所出来的当天，就去了男人的家，表示要伺候这个男人一辈子。从此，又全心全意地尽起了做“妻子”的责任。这是一个残酷的爱的故事。

有一个有偷窃癖的姑娘，在看守所被关押期间仍然在偷东西，她偷了雪花膏、香水、针线、纪念币、手工绣品、男式皮鞋，还有花椒、大料、味精、食盐、香烟、打火机、指甲刀。她把偷来的东西藏在了地板下，简直偷出了一个小百货店。她还把同监舍女犯的贴身的桃木项链摘了下来，挂在了自己的脖子上。后来，这个姑娘被押解干警送往监狱服刑，当车子从监狱回到看守所，司机发现车座椅上的苇席垫丢了两张。几天后，姑娘从监狱来信说，是她拿走了那两张苇席垫，希望看守所早日派人取回。

音乐人高晓松因醉驾被拘留六个月，似乎很多人都很开心。他自己写了一篇谈在看守所感受的文章，文章说：“清贫、清淡的日子，管教也很单纯。即使中国社会有一些坏的习气，但看守所还是最清水的衙门。”

他对自己因犯错而受到的惩罚感到很庆幸：对于一个二十二岁发财、二十四岁成名的牛人来说，“你想我有多膨胀？把自己六个月还给生活，总比还别的好”。

三句话打开孩子的心头锁

一个十五岁的男孩和一个十三岁的女孩相约自杀，喝了农药。被人发现后送往县医院。这种农药毒性很大，潜伏期很长，两三周之后才逐渐出现症状，直至危及生命。

县医院束手无策，只得把病人送往市医院。

两个孩子开始住在一个病房，谈笑风生，视死如归，拒绝配合治疗。

双方父母无论怎样讲道理，孩子就是闭口不语。

父母们干脆投降，只要孩子活着，家长愿意答应他们的任何要求。

孩子们还是无动于衷。

无奈的父母，只好把两个孩子从一个病房里分开，采取逐个击破的办法。

心病还要心药治。谁能打开孩子们的心锁呢?

亲戚朋友轮番上阵，以各种角度跟孩子沟通。

有人围绕感恩说。要感恩父母，要感恩老师，等等。总之，为感恩活着，生命才有意义。

孩子不为所动。

有人以爱情角度切入。

孩子还是不说话。

有人以珍惜生命的视角开说。

孩子也是不说话。

几天之后，无可奈何的父母把我的同事请到病房跟孩子沟通，终于赢得了孩子的信任。孩子们终于说出了喝药的原因、剂量、时间，也检讨了喝药的错误，表示愿意接受治疗。

我的同事跟孩子的沟通之所以能取得成功，原因有几个。

（1）以老师身份出现。老师和蔼可亲，平易近人，不大惊小怪，认为这是一件大家都能理解的正常事。

（2）善于营造氛围。和孩子沟通时，让所有人都出去，一对一，从凳子到床，从拍肩膀安慰到手拉手、心贴心，声音的距离、身体的距离、心的距离，逐步拉近。给孩子开口说出心里话，营造了一个合适的空间。

（3）时机得当。因为孩子已经烂了舌头，疼痛难忍，也有了要求医生治病的心理需求。

孩子们喝药的动机很简单：感受不到活着的意义。

女孩子父母都在外地工作，父母回家总是扔下一些钱，数落一堆孩子的不是，就走了。

孩子感受不到父母的疼爱，感觉活着没有意义。

男孩的妈妈在外地打工，爸爸张罗着这个家。

男孩也觉得家长打骂多，关爱少。

男孩和女孩有了接触，便如遇知音，于是就有了共同赴死的悲剧发生。

我说不清合格父母的标准应该有几条，但有一条必须得有，那就是让你的孩子需要你，不只是物质的需要，更重要的是心灵的需要。

为何说话会惹祸

在我们故乡睢县，流传着一个“锥舌诫子”的故事。

后周时，贺若弼（复姓贺若）的父亲贺若敦为晋王宇文护所不容，逼令其自杀。

父亲临死前叮嘱儿子：“我因为管不住自己的舌头，乱发议论丢了性命，你一定要引以为戒。”

父亲说完，又拿起锥子把贺若弼的舌头刺出血，告诫他今后一定要慎言。

听完“锥舌诫子”的故事，人们一定会谴责贺若敦不该以这种极端的方式来教育儿子。让人怎么也想不到的是，同样的口舌悲剧再次在贺若弼身上上演。

周武帝当政时对太子要求极其严格，太子品行不端，总是极力掩饰。大臣乌丸轨有些忧虑地说：“太子将来一定难当大任。”

乌丸轨征求贺若弼的意见。

贺若弼点点头，支持他向武帝报告。

乌丸轨便向武帝直言说：“现在的太子没有做帝王的能力。”

武帝一愣，问道："何以见得？"

吴丸轨答道："不仅我这样想，贺若弼也是这样想的。"

武帝便叫来贺若弼询问，贺若弼预感到太子的地位不可动摇，怕惹祸上身，便诡辩说："太子的品德和学问日新月异，我没发现他有什么缺点。"

后来，乌丸轨责怪他出尔反尔，贺若弼说："君不密则失臣，臣不密则失身，所以不敢妄说。"

等周宣帝即位，乌丸轨被诛，贺若弼幸免。

后来，杨坚当政，贺若弼因屡立战功，被封为襄邑县公，成为我故乡睢县的名誉主人。后又被进位上柱国，封爵宋国公，真食襄邑三千户。

再后来，杨广继位。贺若弼因私下议论杨广奢靡被杀，时年六十四岁。

贺若弼被杀的罪名是诽谤朝政，仍然死于口舌之祸。

哪些话当说，哪些话不当说，这是一生都要研习的学问。

盯住软肋：弱女子怎样搞定鲨鱼

意大利人克里斯蒂娜·泽纳托有一个绝技：随时搞定鲨鱼，鲨鱼乖乖地听她的指挥。鲨鱼那么凶猛，一个弱小女子怎么能练成这样的绝技？

二十多年前，在非洲热带雨林长大的泽纳托在给鲨鱼喂食时，有几只鲨鱼离她特别近。于是，她下意识地伸手把鲨鱼推开。奇怪的事情发生了，那几只鲨鱼不但没有游走，反而停留了下来。她很惊讶：哇，这是怎么回事呢？

此后，她不断摸索与尝试，并逐步掌握了随时搞定鲨鱼的特殊技能。

原来，鲨鱼头部和脸部有一种叫作劳伦斯壶腹的小孔，这种小孔是一种遍布鲨鱼头部和脸部的凝胶状电接收器。当泽纳托尝试用手触碰这个位置时，就可能引发鲨鱼进入类似神志恍惚的“睡眠”状态，并失去攻击和防备能力，大约可以维持十五分钟时间。这就是著名的鲨鱼强直静止现象。泽纳托之所以能够随时搞定鲨鱼，正是因为她找到了鲨鱼最敏感、最柔软、最需要抚摸的那个地方。

那些貌似强大的人，也一定有他内心最柔软的地方。如果您找到这个地方，您就是他的朋友。

每个人心中都有一位侠客

每个人心中都有一位侠客。侠客心中是非分明，敢作敢当。

昨夜读书，惊诧于李零先生的感慨："咱老辈辈那一阵儿(大清朝那阵)，男人捉奸捉双，老婆偷汉子，被窝里捉住，'咔嚓嚓'把两颗的脑(脑袋)割下，提溜上去县儿(县里)见官，马刻(马上)就能结案，威风得很。"

如今这种威风已不再灵光。法律规定清晰了，人也理智了，这个世界也很缤纷很丰富了：从一分为二看问题，到一分为三看问题，横看成岭侧成峰，远近高低各不同。

当一个人的是非观模糊不清，哪里还有英雄的侠肝义胆？

我想起了一位侠客，他在生活中稀里糊涂，草率鲁莽，但是，在原则问题上是非明了，爱憎分明，疾恶如仇。他是花和尚鲁智深，两只放火眼，一片杀人心。

一日，他正在杭州六和寺挂单，夜里忽然被钱塘江的浪潮声惊醒，僧人告诉他这是江水的潮信声。

花和尚闻听此言，突然想起师父智真长老当年送他的偈语，竟顿悟，留下一偈后坐地而化，此偈写道："平生不修善果，只爱杀人放火。忽地顿开金绳，这里扯断玉锁。咦！钱塘江上潮信来，今日方知我是我。”

今日方知我是我！一个稀里糊涂的人，终于找到了自我。这是高僧顿悟的标志性语言。一位粗人，突然出语如此细腻，且境界竟然如此不同！

花和尚鲁智深起身自绿林。忽地随潮归去，即刻顿悟，立地成佛，犹如一个小学生霎时间达到博士水平。

是非清楚的人，能得大境界。

乱花渐欲迷人眼，心中自有定盘的星！

凡事别问好不好，首先自问该不该。

心理学对顿悟的解释是，当你想用常规思维去解决问题却解决不了时，如果你换个角度去考虑这个问题，问题就解决了，这种情况就是顿悟。

英国《自然》杂志说，如果你想快些顿悟，就应该去睡觉。心理学家发现，睡觉能有效地促进顿悟。

禅者的思维是灵性思维，常常通过非常规的思维为棘手问题找到创造性答案，从而引发人深度思考，提神健脑。

如，有人问：达摩面壁九年，到底是为什么？

永禅师答：因为睡不着！

杂念多，是睡不着的重要原因。大脑工作，就有杂念。进入睡眠状态，潜意识就开始工作。所以，睡觉的纪律就是把杂念放空。

有一种具体做法是：“视此身如无物，或如糖入于水，先融化大脚趾，然后是其他脚趾，接着脚、小腿、大腿逐渐融化，最后化为乌有，自然睡着。”

我的单位在北京射击场附近。每当从这里经过，我总想到教练教育神枪手弟子的话：你必须像烟灰一样放松。只有放松，你全部的潜能才会释放出来，协同你达到完美。

接触产生思维。比如中医给人看病的感觉，就是很奇妙的：把手搭在病人腕上时，便有一种和病人心灵对话的感觉。

神在形中。画画，就像写字一样，下笔就把形象的形态抓住，同时还要抓住它的精神。

难行能行。这是佛教的一句话，意思是，一定要在你做不到的地方挑战自我，如果老是待在能做到的地方，就只能永远留在原地。

当然，每一种经验都是一种思维定式。一位自由主义者说了这样一句话："人的每一种身份都是自我绑架，唯失去是通往自由之途。"

抚摸生命的痛点

孤独，不是一个人单独存在，而是和我们周围的万事万物在一起。

凡夫俗人脱离群体往往无法生活。老子《道德经》第四十二章说：“人之所恶，唯孤、寡、不谷，而王公以为称。”

意思是说：人是群体动物，在群体中生活并一起猎取食物是个体生存的必要条件，人口是王公求名求利的主要资源，王公最怕成为孤家寡人、最怕没有收成，并以此来提醒自己。

离开人群的人，要学会与自己的心相处，深深体会人与宇宙合为一体的妙趣。

李煜有词：“一片芳心千万绪，人间没个安排处。”此处的芳心，原指花蕊，这里指人心。一颗多情的心，千万缕的愁，竟然找不到一个化解的去处。学会与自己相处，学会倾听自己，让自己的情绪、自己的心跳与周围的环境相和谐，才能发现生命的妙处。当我们对宇宙万物、自然风景的感知，从远观与想象转为亲身接触与直接体验时，真切、美妙而独特的感觉便悄然降临。在生活中，有时能感受到一种疼痛，切肤的疼痛，也是一种福。

这种感觉，是生命的一种深度。

一位读书人这样谈到阅读的感受：阅读，是一件孤独的事情，在安静的环境中才能找到自己的痛点。

找到了自己的痛点，那种存在感也才具体而真切。

年轻的刘伯承右眼中弹，医生决定开刀。因眼睛离大脑太近，怕麻醉影响脑神经，也就没有用麻药。

手术完，刘伯承笑着对医生说：“我一直清醒，你一共为我动了七十二刀。”

陈毅当外交部部长，日本人问他：“你们中国人穷得连裤子都没得穿了，还要搞原子弹？”

陈毅并不反驳，而是一字一句地回答：“没有裤子穿，也要搞原子弹。就这个气魄！”

1935年，瞿秋白被俘，蒋介石下令处决。临刑前，瞿秋白神色自若，走到一处草坪上坐下，说了一句：“此地就很好。”

然后，唱起了自己翻译的国际歌，壮烈牺牲。

有分量的人，说有分量的话。当他不说话时，内心充实而饱满。

他的灵魂会说话！

发一次正确的脾气，很难

手机充不上电，送到厂家检测，认定是充电器问题，厂家决定给我调换。

半个月后，厂家通知我：你的充电器已到，请来领取！

为了一个充电器，根本不值得跑一趟，所以，我迟迟没有去取。今天正好顺道，便下车领取。工作人员问："给你开的条呢？"

我答："没带。我是顺道来的，忘了带条。"

工作人员冰冷地回答："没条没法取，你回家去取条吧！"

我态度强硬地说："为一个充电器，我值得跑一趟吗？我回家取一趟的路费，够买一大堆充电器的啦！"

工作人员依旧冷血地回答："那也没办法，我们有规定。"

我怒发冲冠，犹如胸中有团火在烧，吼道："现在有两个解决办法：第一个，你去请示领导；第二个，如果你不找领导来，充电器我也不要了，但我会让你跟我一样心情难受！"

结果是这里的领导出现了，我赢了。

好久没有发脾气啦，今天抓住机会吼了吼，感觉很爽，神清气爽！

亚里士多德有一句名言："发脾气是值得赞扬的。如果你能做到，在适当的场合，向正确的对象，在合适的时刻，使用恰当的方式，因为公正的理由而发脾气。"

这位哲学家其实就是在告诫我们，要学会控制自己的情绪，不要一时冲动，成了情绪的奴隶。

离开时，我诚恳地安慰那位工作人员，也算是道歉：我现在心情很好，祝你也有好心情。都是我脾气不好，请多包涵！

历事练心，才能觉悟。

在生活中训练自己量大，在工作中训练自己圆融。

有数据显示，至少有70%案件中的女性受害者在遇害之前，都与嫌疑人有过相当激烈的争吵。尤其是跟男性打交道，更应注意说话的分寸。在安全的地方，说安全的话，不激怒对方，才不会给自己带来不必要的伤害。

法律岂是橡皮绳："调戏虽无言语，勾引甚于手足"

光绪年间，广东有一妇人随人私奔，本夫于逃后两年内于千里之外找到奸夫淫妇，挥刀斩杀。

有人援引"奸案格杀勿论"要求开释本夫，部员硬说不是奸所登时捉双而杀，不肯放人。

当时总督门下一位师爷大笔一挥，改定判词说："窃负而逃，到处皆为奸所；久觅不获，乍见即系登时。"那意思是说，偷情男女私奔，天地之间都是他们的床；本夫何时抓住他们，即使在菜市场里抓到，也算登时捉到奸情。

文字可以这样狡狯，法律也就成了橡皮绳。

法律的特点在于它的明确性和确定性，而人的智慧却常常随机应变，灵活处断。

一位男人，在墙外解手，见楼头一女子正无意间朝这边张望，轻薄之心顿起，连忙指着自己的私处给他看，那女子羞愤难当，自尽身亡。

女方家人上告官府，此案应当如何处置？

据大清律，调奸致死，需有"手足勾引""语言调戏"等构成要件，而那位男子则是非语言、非接触、远距离轻薄调戏，很难重判。

笔挟秋霜的师爷怒不可遏，写下判词：“调戏虽无言语，勾引甚于手足。”

判令：杀无赦！

英国在数十年前，也有一起颇为蹊跷的刑事案件。一名叫乔治的小伙子，为了看看飞机场的正常训练，好奇心促使他越过飞机场铁丝网等层层障碍坐到飞机跑道上，在视觉没有遮拦的情况下，饶有兴趣地看着飞机起落。

一架正要降落的飞机看到飞机跑道上有人，只得再次飞向天空。

法律规定：“不得在禁区附近妨碍皇家军队成员的行动……”

于是，警察把他带走，将他送上法庭，他本人也认罪，心甘情愿地等待法律的发落。

律师却提出，判罚乔治，没有法律依据。

因为乔治是在“禁区里”，而不是“禁区附近”，所以，依据这一条是不能处罚乔治的。法律还提醒法官，英国是个法治国家，法无明文是不为罪的。

死的法律，让人活得无可奈何。

洋人之所以选择法治，心甘情愿地画地为牢，大概认为法治比人治更可靠些。

吵架中的沟通秘籍

吵架和骂人都不是一个人的事情。

骂人，有一个人就可以操作。只是，如果遇不到对手，则很难做到持续发展。有一份调查说：一个人骂人的时间，通常为五分钟到十分钟，创世界纪录的时间也才四十五分钟。

所以，面对一个人的情绪周期，你应该尽可能地不顶撞他，不招惹他。等他的情绪化解后，再理性地与他沟通。

吵架和骂人一样，是情绪的发泄，并且是一方或者几方感情的抒发和情绪的排毒，往往很少能够做到理性地沟通。

电视荧屏上有一些调解群众纠纷、化解社会矛盾的节目，我也经常参与参与，凑凑热闹，看看大千世界社会生活的丰富。深山的风景足以养眼，街市的喧闹足以养心。

吵架，这看似不理智行为的背后，也隐藏着理智的因素，沟通的玄机也在其中潜藏。

我这里来一个节目回放：

一对夫妻吵架之后，男人愤然离家出走。傍晚，男人给女人打电话，说："你忙啥呢？好些了吗？"

女人回答："你走吧，走得越远越好，别回来了，我现在根本不想见到你！"

男人扔下一句话："听你的，我不回了！"

（专家旁白：这是男人的错，你根本没有听懂你太太的意思，她的意思是说，我马上就要见到你！）

女人不卑不亢："你不回来可以，要送一千块钱给我，我有急用！"

男人很生气，狠狠地骂道："这个贪钱不要家的贪财女人！"

（嘉宾旁白：这还是男人的错，你没有听懂女人的话，她的意思是说，我需要你的爱，你赶快过来！）

女人继续发飙："我没有时间管你，只想打打麻将，娱乐娱乐，现在是三缺一。"

男人更是愤愤不平："你还有心思打麻将？"

（嘉宾旁白：男人还是没有听懂女人的话，女人的意思是说，我已经不那么生气了，你回来吧，咱们好好谈谈。）

女人在电话那头号叫起来："我已经喝了两瓶啤酒、半瓶白酒。"

男人似有所悟："看来她真是疯了，怪不得语无伦次！"

（嘉宾旁白：女人是说，我已经痛苦得扛不住了，你回不回来？）

真是让人不得不服气，这位点评专家确实是一位沟通高手。我认为，作为沟通高手，首先是能够认识对方的情绪状态，做到知己知彼；其次是善于做对方的知音，能够听懂对方的意图；第三是站在为对方好的角度，以对方能接受的方式，达到自己的沟通目的。

人际关系的摩擦，根本原因大多是利益边界的摩擦，其他原因往往都是沟通中的误读和误解。

我想，只要真正地为对方着想，真正地想为对方送去关爱和温暖，沟通中遇到的障碍自会迎刃而解。

爸爸和妈妈争吵起冲突，孩子往往是直接的受害者。

电影《怦然心动》是一部通过“吵架”来关注成长的电影。

主人公小朱丽和邻家男孩布莱斯的“矛盾冲突”是电影的主线，朱丽父母管控争吵冲突的能力，堪称经典。

小朱丽的父母因为家庭琐事爆发了争吵。爸爸首先意识到争吵会影响到孩子，第一时间向朱丽道歉并解释了争吵的原因，宽慰孩子说：“这不是你的错，我们会想办法解决。”

妈妈也告诉朱丽，爸爸是一个重感情、有责任心的男人，妈妈特别爱爸爸。

朱丽觉得，爸爸妈妈虽然日子过得辛苦，但生在这样的家庭，她也觉得很温暖很幸运，她很爱自己的爸爸妈妈。

这次争吵没有给小朱丽带来阴影，反而让她感受到了父母对自己的真爱。

爸爸妈妈虽然偶有争执，但爸爸爱妈妈，妈妈爱爸爸，爸爸妈妈都爱自己的孩子，孩子也深深地爱着这个家。这是解决好每一次家庭冲突的基本要求。

斯德哥尔摩综合征：人质为何和坏人一条心

1973 年，瑞典首都斯德哥尔摩市发生一起抢劫劫持案，警方与歹徒僵持了一百三十个小时，最后以歹徒放弃结束。案件结束后，被劫持的四名银行职员拒绝指控绑匪，甚至还有一名女职员爱上了劫匪。

这就是斯德哥尔摩综合征的由来。

斯德哥尔摩综合征，又称斯德哥尔摩效应、斯德哥尔摩症候群，是指受害者对于劫持者产生情感，甚至反过来帮助劫持者的一种情结。

人质之所以会对劫持者产生一种心理上的依赖感，是因为他们的生死操控在劫持者手里，劫持者能让他们活下来，他们便不胜感激。他们把劫持者的前途当成自己的前途，把劫持者的安危视为自己的安危，甚至对劫持者献媚、产生崇拜的情感。一些处于婚恋状态的女人，明明知道对方自私自利、动辄对自己拳脚相加，使自己身心饱受伤害，依然无法离开，甚至还想方设法要和对方在一起。她们如同被劫持一样，患上了斯德哥尔摩综合征。

人性能承受的恐惧，有一条脆弱的底线。当人遇上了一个凶狂的加害者，加害者粗暴野横、蛮不讲理，随时要取受害者的生命，无助的受害者就会把自己的生命托付给这个歹徒。

斯德哥尔摩综合征有以下几个特征：

（1）人质必须真正感受到绑匪威胁到自己的存活；

（2）在遭挟持过程中，人质感受到绑匪可能略施小惠的举动；

（3）只能通过绑匪和外界沟通，人质无法得到外界的信息；

（4）人质相信，要脱逃是不可能的。

人质被困在劫持者圈定的小范围里，见不得天地，见不得他人，甚至见不得自己。

劫持者，就是他的整个世界。

电影《一代宗师》有句话：“见自己，见天地，见众生！”

一个人的世界观和价值观，决定着他做人做事的格局。

格局见结局。

有一个男人杀了人，女朋友对究竟是不是他杀的人显得漠不关心，她只关心一件事：“只要他真的对我好，我就跟他一条心！”

在关键的时刻，女人说：“我只想问你一件事。”

男人问：“什么事？”

女人问：“我跟你在一起一年多，你有没有真心爱过我？”

男人如释重负：“我还以为是什么问题……你是唯一一个相信我的人，我怎么可能不爱你？”

大家喜欢这样的电影，因为感觉这样的爱情真实！

作家刘震云认为：“在潘金莲的故事里，真正的主人公其实是卖脆梨的郓哥。如果不是他把潘金莲和西门庆的故事告诉武大郎，武大郎就不会被害死。之后，又是他把武大郎被害死的事儿告诉了武松，两次扭转了整个事件。”

这么一分析，很多大人物的命运，竟然掌握在小人物手中。

小人物，成了大人物命运的劫持者。

对经典名著的阅读是多棱的，对经典人物的认识也是多棱的。

从《西游记》看，孙悟空对修行也有很深的理解：

“在家人，温床暖被，怀中抱子，脚后蹬妻，自自在在睡觉。……出家人……便是要戴月披星，餐风宿水，有路且行，无路方住。”

孙悟空也曾这样开导师父：

“您忘了‘无眼耳鼻舌身意’。我等出家人，眼不视色，耳不听声，鼻不嗅香，舌不尝味，身不知寒暑，意不存妄念——如此谓之祛退六贼。你如今为求经，念念在意，怕妖魔不肯舍身，要斋吃动舌，喜香甜嗅鼻，闻声音惊耳，睹事物凝眸，招来这六贼纷纷，怎生得西天见佛？”

人间的智慧，不一定掌握在高僧大德手里，也可能掌握在小人物手中。

每一个看似开阔的人生，波澜不惊的表层下，其实都是惊心动魄的。

每个人都有不可抗争的命运，每个人都扛得那么不容易。

也许人人心中，都有看得比生命更重要的东西。

无论身处何地，都不要一叶障目，不见泰山。

懂你：几句话领养一个迷途的心灵

一位老太太卧病在床，五个儿子中有四个儿子带儿媳排班照顾，只有五儿媳迟迟不露面。

于是，就有人在老太太那里责怪五儿媳不懂事，说她心高气傲、不合群。

老太太淡然一笑，说："我五个儿子中，只有老五没本事，你们没看到吗，这家里家外，都是老五媳妇一个人在操持，她不来我正放心；她来了，我反倒不安了。"

这话传到五儿媳耳朵眼里，五儿媳感动得泪流满面。从此，她自觉加入了照顾婆婆的队伍。

老太太卧病在床十二年，儿子儿媳天天过来陪着。

天天如此，月月如此，年年如此。

老太太的儿子儿媳为何如此孝顺？老太太有钱？有权？有势？都没有。她有的只是对孩子的深深理解和关爱。

你懂儿子，就能享儿子的福；懂儿媳，就能享儿媳的福。懂人性，就能享人的福；懂得钱道，就能驾驭钱财；懂得物理，就能享物的福。

红楼梦里有副对联：世事洞明皆学问，人情练达即文章。

连阔如说，懂多大的人情，说多大的书。

路遥说，人民是一棵大树，作家是树上的一只小鸟。

广阔天地，有生活，有生命，有生机，有正道，妙味无穷，需要我们慢慢发现。

没有沟通和理解，人与人之间就隔着万丈深渊。

有了沟通和理解，则天堑变通途。

有一个叫胡兰成的文人，大概说过这样一句不要脸的话：在女人面前，我没有权，没有势，不给钱，也不送东西，我甚至于也不努力去追，我只是懂她！

欣赏他人，如赏花开，当心怀敬爱怜惜之心。

每个人的灵魂，都有其独特的香味，属于不同的香型。不合群的人，他内心深处一定有他打不开的心结。遇见一个真诚关心他的人，为他做一件让他感动的事，他紧紧封闭的心灵就会打开。

应该知道，任何一个人，都是永远需要被陪同、被重视、被了解、被赞美、被认同……

懂得这个，便能带他重新走进芬芳的温暖世界！

心理学家一个调查结论说，人在一天的二十四个小时中，有二十二个小时以上在想着自己的事情。这样说来，很多人只关心自己，或许正因为如此，人注定了是一个孤独的存在！

所谓爱，就是从只关心自己到关心另外一个人开始的。

所有的感情都是从无条件地想对另外一个人好开始，到不分彼此。

所有的矛盾，都是从要分清彼此的时候开始的。

感情是爱的表达，矛盾则往往是一笔经济账。

红尘有爱，爱本无毒。冰心老人有句话说得好：有了爱，就有了一切！

情迷心窍，毒自心出。有位作家说：凡是不在感情上烦恼的人，不是老奸巨猾，就是漫无心肝！

何为毒？恨、怨、恼、怒、烦，这些不良情绪就是毒。

在夫妻之间，讲感情胜过讲道理。何为恋爱？恋，是一种不舍，是围绕一颗心生出的丝丝缕缕的情感和语言；爱，是一种能量，是为了滋养自己和他人的心灵成长而产生扩大心量的意愿。所以，夫妻之间别讲理，讲理气死你；夫妻之间得讲情，讲情相互疼。

感情是一种情同手足的依赖和不舍。徐帆有句话挺有意思，听起来够有境界的：冯小刚是拿命对我好的，这一辈子，没法对别人说的话，都只对他说；我就像一个弃婴似的，他领养了我的心灵。

情侣间的矛盾，要有游戏感，就像打球，有进攻，有防守，还要有假动作，不能每件事都当真。一个能赢的球队，需要有压力，有任务，有目标，共同奋斗，才能琴瑟共振，和谐发展！

点赞：彼此欣赏，才能合作

村里有一个“泼妇”，常常闹得整个村子鸡犬不宁，没人敢惹，成为村里一大祸害。

村里人听说一位姓王的“智者”教人学好很有办法，就请王老先生教育教育这位村妇。

王老先生就问村民们：“这个人有啥好处呢？”

村民们义愤填膺，异口同声地说：“这个人没有好处，一点好处也没有。”

王老先生摇摇头，不慌不忙地说：“大家都想想，明天咱们再讨论讨论。”

第二天，村民们如约而至。

王先生问村民们：“找到她的好处了吗？”

村民们纷纷摇头：“我们实在找不到她的好处，村里人全被她骂过，她对她家的老人、孩子也不好。”

总之，王老先生和村民们讨论了三天，也没有找到这个人的好处。

于是，王老先生决定上门和这个女人谈一谈。

王老先生轻轻敲门。

正站在院子里的“泼妇”兜头对王老先生就是一顿骂：“你眼瞎了？没看见人吗，还敲门？”

王老先生连声道歉说：“你说得对，是我的错，我应该先看看院子里有没有人，再敲门。”

女人似乎也知道惭愧：“你是第一个说我说话有道理的人！全村人都说我说话不讲理，背后还骂我是泼妇！”

王老先生笑笑：“那是他们不了解你，你是刀子嘴，豆腐心，其实，你是一个特别好的人！”

女人很惊愕，顿时哭出了声，她也说出了自己心中的委屈：“其实，我做每件事都是为了人家好，可是，村里没人领情，还把我的好心当驴肝肺。”

王老先生这才跟她娓娓道来：“与人沟通的精髓在于拉近距离和感情，如果人家跟你有距离，不信任你，就不会接受你，所以，说话的语气比内容更重要！”

经过王老先生的几番开导，“泼妇”从此变为一个面带微笑、与人为善、人人喜欢的村民。

人与人交往有三个境界：我讨厌你、我不烦你、我喜欢你。无论是工作中还是在生活中，人人都愿意与自己喜欢的人合作。因此，无论你是想拥有快乐的工作还是想要幸福的生活，都必须把自己合作的人都变成自己喜欢的人。

世界上最难的事情可能就是把自己讨厌的人变成自己不烦的人，再就是把自己不烦的人变成自己喜欢的人。当我们无法改变别人的时候，我们应当首先改变自己对别人的看法。当你真的由衷地去喜欢某个人时，他就会真的变为你喜欢的人。

教育家陶行知先生就是这样一个有智慧的人。在他做小学校长的时候，他看到一个叫小明的学生用泥块砸自己班上的同学，当即喝止小明，并令他放学后到校长室里去一趟。

陶行知先生放学后来到校长室，发现小明已经在门口等了。

陶行知先生先是掏出一块糖递给小明，说："这是奖给你的，因为你按时来到了这里，而我却迟到了。"

小明惊异地接过糖，这个奖励的得来让他很意外。

陶行知先生又掏出一块糖放到他手里，说："这块糖也是奖给你的，因为我不让你打人时你立即就住手了，这说明你很尊重我，我应该奖给你。"

小明更惊异了，他没想到又得到一次表扬。

陶行知先生又掏出第三块糖塞到他手里，说："我调查过了，你用泥块砸那些男生，是因为他们欺负女生。你砸他们，说明你很正直善良，很有正义感，应该奖励你！"

小明等待的批评迟迟没来，却得到了三个奖励，他感动极了，流着泪后悔地说："陶校长，你打我两下吧！我错了，他们毕竟是我的同学啊，我不该那样对待他们！"

陶行知先生满意地笑了，他随即掏出第四块糖塞到小明手里，说："为你正确地认识自己的错误，再奖励一块糖。好了，我的糖用完了。我看，我们的谈话也结束吧！"

说完，陶行知先生拍拍小明的肩，与小明握手告别，小明这才恋恋不舍地离开了校长室。

有针对性的赞美，才是由衷的赞美。由衷地赞美别人，是一种真诚的表达爱的方式。每个人都有自己独特的长处，只是有的藏得深，有的藏得浅，认真发现别人的长处，会让我们的赞美更有力量。

最好的谈判：站在对方的立场，达到自己的目的

一天晚上，一个大块头闯进一位当红歌星的化妆间，说："尊敬的阁下：我邀请您明天去纽约参加一个俱乐部的开业典礼。"

歌星看了看大块头，双手一摊，很无奈地表示："明天我要去芝加哥，并没有计划去纽约。"

"咔咔……"大块头已经用左轮手枪对准了歌星的后脑勺，手枪上膛的声音好像死神在敲门。

"好吧，我同意陪你去纽约。"歌星只好无奈地答应。

虽然嘴巴也能说服对方，但如果还能加上一把枪的话，效率通常会更高一些。

这是美国人的思维方式。

麦当劳里，来了一个美国人："我要买早餐，我要买一份早餐。"

服务员指着墙上的钟："对不起先生，早餐时间已经过了，我们只供应午餐。"

美国人粗鲁地回答："我不管你们的规定，我只知道我最爱吃你们

的早餐，我一定要吃到！”

服务员报告经理：“有位顾客一定要买早餐，怎么办？”

经理眼皮也没抬，轻描淡写地回答：“按规定办事。午餐时间只供应午餐。”

没有想到的是，那个美国人直接掏出一把手枪，叫嚣着：“我就是要买早餐！”

服务员吓坏了：“经理，怎么办？”

经理目睹此情此景，回答斩钉截铁：“卖给他啊，难得对早餐如此忠诚的客户！”

有没有必要为了捍卫公司的制度，去牺牲自己的生命？没必要嘛。特殊情况，特殊解决。制度只能管住好人，管不了坏人。

手里如果能有一把枪，常常可以有效地操控局面。可是，为了一件小得不能再小的小事，你值得掏枪吗？你兜里有枪吗？如果适得其反呢？中国也曾出现过为了一碗面的钱，闹出人命的事情。那么，中国式的谈判，是怎样谈的呢？

一位美国青年来到中国餐馆，吆喝着：“来一份早餐。”

中国老板乐呵呵地应答：“没问题，没问题。”

老板一边答应着，一边东看西看地寻找，然后很无奈地告诉美国青年：“对不起，卖完了，没有了。”

美国青年掏出一把刀子，冲进厨房间，指着几份早餐说：“这不是还有吗？”

中国人讲究和气生财，老板也总是先笑后说话：“这是乘客退回来的，我们要送去做化验，吃了会拉肚子的，您还是别要了吧？”

美国青年还敢要吗？只得空手而返，无可奈何。

老板把乘客送到门口，笑呵呵地说着："如果您明天还是这个时间过来，我就一定给您留着。"

那是乘客退的早餐吗？不是。吃了会拉肚子吗？不会。那是老板留给厨师自己吃的。老板为何会撒谎呢？如果他不撒谎，他可能就会挨一刀啊。做生意，和为贵，坏人也得罪不得啊！

中国餐馆老板智退美国青年的谈判，无疑是成功的。最好的谈判，是站在对方的立场，达到自己的目的。餐馆老板心中有一个原则，就是不能把早餐卖给这位美国青年，即使你掏枪拿刀子，我也不改初衷。怎样才能达到自己的目的呢？

美国青年一来，餐馆老板先是热情地回答没问题，然后，东找西找，实在找不到，无可奈何地摊牌：卖完了。在美国青年找到早餐后，餐馆老板说：这是有问题的食品，我实在不敢拿出来给你吃啊！

心里有杆秤，是原则。

站在对方的立场，为对方着想，随机应变，是策略。

碰硬，不是硬碰。策略，就是智慧。

把话说到心坎上

终极对话：在深牢大狱，你想说什么

一位名牌大学的学生以稀里糊涂的杀人动机，以清清楚楚的杀人方式，杀死了一位与自己无冤无仇的同学，被依法执行死刑。

在央视对他的访谈中，他表现出惊人的冷静与理智："社会舆论不要再纠结于我当时做事的动机、原因、想法，不要再纠结于是不是一个愚蠢的人做了一件愚蠢的事、一件可恶的事……所有这些，已经于事无补。社会舆论要帮助死者的父母积极地活下去，积极生活每一天，这是最关键的。"

思维一旦进入死角，其智力必然在常人之下。我们看到，一切水落石出之后，作案人表现出来的不仅仅是一根筋，还有更丰富的一面。

看这位大学生伏法前的侃侃而谈，看他面对采访者的从容、淡定和理智，我早已泪流满面。

是的，在生死面前，我是不是太感性了，他太麻木了？我不责怪他犯下滔天罪行之后并没有深入到灵魂的忏悔，他毕竟以生命的代价懂得了何为是非、何为担当。

这让我想到另外一个故事：

音乐学院的一名高材生，深夜开车出门，撞上一位妇女。

高材生停车，忐忑不安地走向倒在地上的女人，他发现女人竟然没死，这是一位命大的农村妇女.

他掏出身上的刀，一连八刀，把女人捅死了!

法网恢恢，高材生落入法网。

记者问：“你为何对一位与你无仇无恨的受伤女人动刀子？”

高材生答：“听说农村妇女难缠。”

记者问：“作为一名大学生，你为何随身带着刀子？”

高材生答：“我觉得生活没有意义，没有爱、没有阳光、没有温暖，我带着刀子是随时想自杀。”

记者问：“你从小就获得过无数的音乐奖项，可以说，是在鲜花和掌声中长大，你的内心怎么这样灰暗呢？”

高材生答：“弹不好钢琴就会被爸爸关地下室，我从来就没有感受过音乐的美好！”

高材生的爸爸是一个很有原则性的转业军人，只是做事有些偏激。

有两件事，可以看出这位家长的偏激性格。

第一件事，关地下室是他一直在使用的教育儿子的手段。

记者问：“听说你儿子上高中的时候，你还给他关地下室？”

爸爸说：“因为他管不住自己，我很民主，每一次关地下室都是他同意的。”

第二件事，高材生被判处死刑后有个心愿：把自己的眼角膜捐献给社会。

爸爸听后，断然拒绝：“不行，把你身上所有的罪恶，都给我带走！”

高材生被执行死刑前，有十分钟见家属的时间。他跟爸爸说了几句话，让我终生难忘。

第一句："爸爸，我爱您！"

儿子说着抱住了爸爸，爸爸也拉住了儿子的手。顿时，一直坚强如钢铁的爸爸泪流满面。

儿子松开了爸爸，向爸爸挥挥手，说了第二句话："爸爸，儿子要走了！"

时间到了，爸爸只得恋恋不舍松开手。

儿子此时说了第三句话，简直令人心碎："爸爸，不要哭，下辈子咱们还做父子！不过，我走得早，下辈子我给你当爸爸啦，你看我怎样给你当爸爸！我向你保证，我一定要做个好爸爸，懂你，爱你！"

我上中学的时候，和几位来自农村的穷孩子很要好。那时候，我们一起去拜谒曹植墓，表达热血少年的壮志雄心。其中一位同学的发言让我至今难忘："如果我现在死了，爸爸妈妈能开心的话，那我现在就去死；可是，假如我死了，我知道爸爸妈妈一定会更难过；并且是咱们过得越不好，爸爸妈妈就越不开心，所以，咱们要努力奋斗，施展才华，实现理想，让咱们所有的亲人都开心！"

在我神交已久的朋友中，有一位这样的服刑犯人：

咱就叫他豆豆吧，当年二十四岁，因故意杀人罪被判处死缓，在河北第三监狱服刑。

爸爸很慈爱，手也特别巧，曾经自己动手组装了一台半导体收音机，这让小豆豆在童年就迷上了优美动听的音乐。

小豆豆十岁时，爸爸因肝癌不幸去世。妈妈带着他和姐姐改嫁、离婚，再改嫁。

爸爸去世，妈妈的改嫁再改嫁，家庭的动荡、不幸造就了豆豆多愁善感、沉默寡言的内向性格。他变得孤僻忧郁，不愿与别人接触，躲在角落里看书便成了他闲暇生活的全部。

然而，这些并不是他们苦难的全部，几年之后，豆豆的第二个继父突发性脑出血也去世了。

第一个继父得知这个消息后，多次上门死缠烂打用尽各种卑鄙手段试图强迫豆豆的妈妈与他复婚。豆豆妈妈与他有过短暂婚史，早已知道这个人不务正业、不思进取、不通人情、很难相处，便断然拒绝了。没想到他并不死心，越发无理取闹，害得左邻右舍议论纷纷。妈妈觉得有理说不清，整日以泪洗面，吃不下，睡不着，终于病倒了。

豆豆从北京打工回家，听到妈妈的哭诉，再也咽不下这口气，便悄悄拎着刀来到第一个继父家……

年轻气盛的豆豆，平常是一个多愁善感、性格内向的孩子：一片落叶、一场细雨，都能让他黯然神伤、思绪起伏！这一次，他为了给妈妈出气，为了表达对妈妈的爱，竟然失去理智地拎起了刀，直奔仇家！

不巧的是他的继父不在家。继父的女儿很热情地跟豆豆哥哥打招呼，没想到，他迎来的是豆豆哥哥的劈头一刀！

完全失去理智的豆豆，已经不能理智地看待周围的一切，他看到的只是一团火！

被他砍伤的人，不是屡屡伤害他妈妈的继父，而是对他热情友好的继父的女儿，一个没有任何过错的女孩子！这也是他为何被判如此重刑的原因之一。事后，他一直痛恨自己。虽然他已受到了应有的惩罚，但是心灵上却留下一层永远也抹不去的阴影。每每想起，总觉得自己很卑鄙、很凶残，没有人性！

豆豆原本想为母亲出口气，没想到自己做的这件事险些把母亲逼疯，好在那位姐姐并没有死，他才被宽大处理捡回一条命……

每当想到不堪回首的往事，每当想起自己多苦多难的母亲，他都难以平静，特别是想到母亲一次次奔波在探监路上："从家到监狱二百多里的路程，母亲早上六点钟动身，倒三次车，到监狱时已是十一点多。这个时间，正是犯人开饭和接见室下班的时间。守着一亩二分地过活的母亲没有别的经济来源，接见的费用是姐姐给她的或是卖粮攒的。来回的路费，接见时的手续费，再加上给我买点日用品和食物，已是一百多块钱了。对于别的家庭也许不算什么，然而对于我母亲却是多么来之不易啊！她没有能力再花三十块钱跟儿子到亲情餐厅吃顿饭。每次会见时，当我从小窗口接过母亲递来的东西时，她都会一把抓住我的手，紧紧地攥着，紧紧地……

"母亲用半天的时间，用她省吃俭用积攒下的钱去等待那短短十来分钟的相见，就为了跟儿子说几句话，多看儿子几眼，真真切切地跟儿子握一下手……"

豆豆在监狱里写下这样一首诗，题目是《妈妈》：

藏在泪水后的眼，是千山万水隔不断的思念；

熟悉亲切的脸，是时光流逝忘不掉的容颜。

悲欢离合的聚散，是真情流露的感人诗篇；

催人泪下的语言，是高墙电网挡不住的呼唤。

只有明白了亲情的内涵，

才能对生命产生依恋。

只有受到了亲情的震撼，

才会有泪如雨下的凄惨。

妈妈，谢谢您，是您给了我温馨的依恋；

妈妈，谢谢您，是您给了我永恒的春天；

妈妈，谢谢您，是您给了我丰富的情感；

妈妈，谢谢您，是您给了我坚定的信念。

妈妈，您也累了，您也该歇一歇了。

妈妈，您对儿的爱，此生此世，儿已报答不完。

冰心老人生前留下两句话。一句话是：没有爱就没有世界。另一句话是：有了爱就有了一切。

人间有爱，每一个生命都会觉得温暖！

我们生活在人群中，给予爱，表达爱，传播爱，爱与被爱是生命的源泉。

生活在人群中，我们是别人的风水，要拥有丰富的精神能量：心态乐观，常常微笑，待人接物热情洋溢！

生活在人群中，我们以阳光心态传递人间的温暖：

一是我们要常常微笑。微笑是人间最亲切的无声语言，微笑是人类最高尚的表情，微笑是生活的阳光，微笑是友好的使者。

二是我们要学会赞美。任何一个人，都是永远需要被陪同、被重视、被了解、被赞美、被认同的。作为一个有写作习惯的人，我常常被读者的留言打动。一位读者向我诉说了自己的坎坷经历，赠我这样一句话：如果我早在四年前认识你，看到你写的文章和你的“心得分享”，可能我就不会是现在这个样子！

三是感恩。心中充满爱，时时感受爱，感恩，能够强化我们心中的爱，让幸福感倍增。

四是宽恕。宽恕，也是一种爱，一种超越的爱，爱一旦超越了对抗，就能从痛苦中得到解放。

五是尊重。赢得别人的尊重，是人生的重大需求。

六是倾听。懂得倾听，就可以成为任何人的知音。

七是敢于说“太好了”。这是向生活表达爱，等于向你的家人、你的朋友展示你的阳光心态和生活热情。

八是接受帮助、接受赞美。接受对方赠予的小礼物，接受别人的示好，并以一定的方式表达你的珍惜，是友好的表现。

九是享受友谊，关心就是爱。有人遭遇挫折，心灰意冷，孤独寂寞，甚至连死的心都有。面对如此的情绪低潮，怎样帮助他才能让他从痛苦中解脱出来？请以你的热情和关心表达你的支持：发条短信，问一声好，道一声祝福，告诉对方：你在我心中很重要，有我和你在一起！有了关心和支持，就有了沟通；有了沟通，就有了理解；有了彼此的理解，才能感受到爱的力量和温暖。

人生最激动人心的时刻，就是在某个时间和某人相遇，那种内心联结的感觉，让人从内心深处相依相恋，亲密无间。

沟通障碍：模范生为何要杀死最亲最近的人

有个男孩叫小冲，十二岁，在湖南某县最好的中学读书。由于父母离异，爸爸在广东打工，他放学之后就到县城的姑姑家吃住。事实上，姑姑家中也并不温暖。姑父和姑姑感情一直不和，在他寄居的几个月中姑父和姑姑一直在争吵、打架、闹离婚。

下午四点放学之后，他回到姑姑家。

“我没有吃饭，肚子好饿。”家中没人，小冲打电话给姑姑。姑姑告诉他，家里有牛奶和水果，可以先垫垫肚子。小冲吃了点东西后，打开姑姑家卧室里的电脑，玩起了他最喜欢的网络游戏。

姑姑尽管有一儿一女，却是亲戚中最疼小冲的亲人。对于小冲玩游戏上瘾，姑姑是坚决反对的。

下午五点多的时候，姑姑家九岁的表妹和四岁的表弟放学归来，看到哥哥在玩游戏，便喊：“你又上网，我们要告诉妈妈！”小冲想，如果表弟表妹真的告诉了姑姑，自己肯定要挨打。

于是，小冲威胁表弟表妹不许告诉姑姑，但表妹表弟不依不饶。他拿出了家中的水果刀……

首先倒下的是九岁的表妹，随后是刚学会说话的四岁的表弟。小冲将两具小小的尸体拖到餐桌后面，用椅子并排挡住，并用拖把将地上的血迹擦掉。

在清洗血迹的时候，小冲听到了门外用钥匙开门的声音。小冲的刀刺向了姑姑，因为身高的因素，侄子的利刃刚好抵达姑姑的腹部。随后，换上干净黑色运动服和牛仔裤的小冲离开死寂的房屋，还带着姑姑的手机、钥匙及两千块钱。

当晚十一点，小冲的姑父刘文东撬开房门才发现大小三具尸体。

小冲对生命极其漠视，连杀三人，并且都是与他朝夕相处、最亲最近的人。

刺死三个人后，换掉血衣的小冲，出去干了三件事。第一件事：去了姑姑家附近的一家网吧，继续他未完成的游戏；第二件事：他又买了两本历史玄幻小说和一本漫画书；第三件事：借助手机，他又将关系要好的一名女同学约出来散步。

这三件事说明，他没有痛苦，没有恐惧，对生命极其冷漠。

第二天上午九点，正在县城广场和同学闲聊的小冲被警方抓获。

在审讯桌前，小冲语气平静地承认："人都是我杀的。"

审讯了一阵子，小冲提出："我不想待在这里了，我想回学校。"这个刚上初中的男孩觉得有些困倦不安，便认真地向一脸严肃的大人们提出了自己的请求。

通过这句话，可以看出，这个孩子对法律也极其无知。

小冲看上去乖乖的，考试成绩曾经在全乡四百多名同级生中排前二十五名，连年拿到三好学生奖状，并且在班级中担任了班干部，爱好绘画的他也曾多次获得学校的奖励。

这样一个失去母爱的好孩子，怎么会杀死自己最亲最爱的姑姑呢？

小冲并不回避："姑姑管得太严！"

痛定思痛，然后我们来追问发生悲剧的原因：

小冲和自己朝夕相处、最亲最近的人在一起，是有亲情、有爱、有温暖的。但为什么在小冲心里都是怨和恨呢？

小冲说得很直接："姑姑管得太严。"

亲人之间存在严重的沟通障碍，小孩们怎么想的，大人们并不知道。一个存在严重沟通障碍的家庭，暗藏危机。

小冲玩游戏上瘾，也把杀人当成了游戏。在游戏中，杀掉的人，也许还可以活过来；现实生活中，能吗？对孩子进行生命教育，让孩子懂得珍惜生命、爱惜生命，懂得生命的价值和意义，已刻不容缓。

趁不到十四岁去杀人，这样的孩子还有救吗

因参与一起抢劫案，十五岁少年小许落入法网。经过感化教育后，小许向检察机关交代了自己在未满十四周岁时杀害一名出租车司机的罪行。据小许交代，由于上网需要用钱，当时看到一位出租车司机正趴在方向盘上打瞌睡，他和同伙便决定杀了这位司机弄点钱花花。他让同伴下手，同伴说，他已满十五岁了，杀人是要判刑的，还是让小许干。小许想到自己还不满十四周岁，犯罪后不用负刑事责任。于是，一刀下去，司机当场毙命！

据查，在这起案件中，司机被尖刀从锁骨处捅入致死，警方判断为青壮年男子所为。所以，时间过了一年多，也没有破案。

事实摆在面前，铁证如山。

负责办理此案的检察官白洁，摇摇头，叹口气，她自言自语："这种情况下，我们应该给这个孩子讲些什么？"讲法？小许并不是不懂，他的同伙也懂。

那么，检察官应该做些什么呢？

为了办好失足少年案件，白洁总结出"8635"工作法："8"就是"教

育为主、惩罚为辅”的八字原则，“6”就是“教育、感化、挽救”的六字方针，“3”就是“像妈妈对待孩子一样、像老师对待学生一样、像医生对待病人一样”这三个“一样”，“5”就是“动之以情、晓之以理、明之以法、戒之以规、导之以行”。

在这套工作方法中，“教育、感化、挽救”六字方针，是做好失足少年的工作的核心。

什么是教育？鲁迅说：“教育是要立人。”泰戈尔说：“教育的目的是向人类传送生命的气息。”教育，最重要的是生命教育，是关于生存、生活、生命以及生死的教育。

什么是感化？就是通过教育触动他的心灵，促使他在行为上有所变化。当然这种触动，是言语上、视觉上、精神上带来的感动。

什么是挽救？挽救，就是把失足少年从罪错行为中，从导致罪错的行为习惯和生活道路上拉回来，走到正路上来。

只有尊重生命，才能唤醒生命。教育、感化、挽救的本质是：一棵树摇动另一棵树，一朵云推动另一朵云，一个灵魂唤醒另一个灵魂。

我们每个人都应该扪心自问：我是否有勇气和力量，对生命如此敬畏？

男儿的自尊心有多强："有话好好说，不要掀被窝"

写下这个题目，先读一则社会新闻：《男孩睡懒觉被母亲掀被子，一气之下跳楼寻短见》。

某小区居民楼，有一个男孩站在十一楼的阳台外，疑似准备跳楼自杀。接警后，救援民警火速前往事发现场。

在赶往事发地途中，救援民警再次接到报警电话。这次打电话的是男孩的妈妈，她异常惊慌地说："你们快来，我儿子小勇跳楼了，已经从我们家十二楼阳台掉到了十一楼！"

到达事发小区后，民警看到一名身着橘红色外衣的男孩，正站在11楼阳台外的房檐上。情况危急，民警赶紧来到男孩家中，同男孩的爸爸夏先生一起将床单绑成"绳索"，抛下楼将小勇手部托住，以避免小勇因体力不支或紧张，松掉手里握着的防盗网钢丝。

消防官兵到达现场后，从十二楼阳台翻出，并下滑至十一楼，将安全绳拴在小勇身上，男孩的爸爸妈妈才长舒了一口气。

坠楼男孩今年十四岁，是名初中学生。因正值寒假，他睡得较晚起得也较晚。当天早上八点左右，他妈妈喊他起床，连喊几声，看他没动静，就把他被子掀开了一部分。

俗话说：有话好好说，不要掀被窝。掀了我被窝，男孩的尊严往哪儿搁？男孩被迫起了床，却一脸不高兴。早饭也不吃，十分反常。

妈妈喊男孩出门时，她得到的不是清脆的回答，而是突然听到阳台上"啊"的一声。妈妈马上跑到阳台，看到跳楼的儿子已经坠到了十一楼，好在他本能地抓住了旁边的防盗网钢丝。

"有话好好说，不要掀被窝。"掀个被窝，算多大的事呢？

咱小时候，也是屡屡被人掀过被窝的人呢！

在河南农村老家，天很冷很冷的时候，就在房间里打个地铺。所谓地铺，就是用柴草堆成个床的样子，铺上被褥在上面睡。

大冷天，穿得里三层外三层的，先是猫在被窝里暖被窝。终于把被窝暖热了，就脱衣服睡觉。好不容易脱得光溜溜的刚钻进被窝，突然发现灯没有关。

农村电灯的开关由一根绳子控制着，拉到床头也很方便。

可是我小的时候没有电灯啊，必须冷呵呵地钻出被窝穿过冷飕飕的空气去吹灯：噗！

这一天就随着熄灯而结束了。

天苍苍，野茫茫，天冷被窝凉。能有一个热被窝，乃人生之大事，所以，男女之间找对象，也常常害羞地称为"找一个暖被窝的"。

画家兼作家黄永玉有一句很有味道的话："家乡就如同自己的被窝，也许会有点脏有点味儿，却很投自己的味道。"

我不是画家，不知道画家被窝的味道。画家的被窝是充满了艺术灵感，还是香艳十分，气壮山河？

有这样一句朗朗上口的玩笑话："有话好好说，不要掀被窝。"掀被窝意味着什么呢？这可一定是大冬天掀热被窝啊！

挨过打的朋友似有预感："掀被窝，这是挨打的节奏啊。"

睡不够的朋友揉了揉蒙眬的睡眼："掀被窝，这是催起床的节奏啊，睡到自然醒的梦破灭啦！"

喜欢搞恶作剧的朋友说："掀被窝？我感觉到一双冻僵的大手，伸了过来……"

有一个让人浮想联翩的谜语，颇有恶作剧的范儿："掀开热被窝，就往腿上摸，掰开两条腿，就往眼上搁。"你感觉到一双冻僵的大手伸了过来，还是一双年轻人的手在深情地抚摸？反正这是戴眼镜的动作啦！

报警的智慧

一个冬天，某 110 指挥中心的电话铃响了。

接线警察拿起电话。

没有声音。

接线警察有些着急："喂，喂，喂！"

电话那头还是没有声音。

有人在搞恶作剧吗？

接线警察耐心倾听，对方还是没有应答。是不是要挂断电话？

"钱我已经给你了，你把刀收回去。"接线警察正犹豫着，电话里隐约传来一位大姐的声音。

"刀？"接线警察马上判断，对方出事了！

电话里的声音，为啥那么小呢？也许她正在被劫持，她一定是把手机揣在兜里，躲过劫匪的视线，偷偷打来的求助电话。

音量调到最大，电话里清楚地传出一个男人的声音："废什么话，过了红绿灯停车！"

"是篮街那个口吗？"

被劫持的大姐一定是故意把位置说了出来。有了具体位置，警方就可以采取行动!

接线警察一边关注着电话，一边悄悄调动篮街周围的警力。

“砰！”好像是关车门的声。

“喂，喂，110，有人抢劫！”劫匪刚一下车，大姐就对着电话喊。

接线警察马上告诉她：“我们的警力，已经到位。请您再描述一下嫌疑人的体貌特征、逃跑方向、逃跑方式。”

现场民警在110指挥下，立马抓到了嫌疑人。

原来这位报警的大姐，是一位出租车司机。面对持刀抢劫嫌疑人的威胁，她不和歹徒硬拼，保证了自己的安全，又不露声色地报了警，机智地把最重要的位置信息透露给警方。

报警，向警察求助，是人生的第一课。我们打电话的目的就在于向警察报告情况、准确传达自己的位置信息、及时得到警察的帮助，警察在得到有效信息后，就会及时准确地出警了。

一个秋天，110指挥中心接到一位十四岁女孩哭诉的报警求助电话：“阿姨，我爸妈出差了，家里就剩下我自己，天冷了我来地下室拿棉鞋，不小心把自己反锁在地下室了，我手机欠费只能打110了，你们快来救我吧！”

接电话的警察一边安抚她情绪，一边耐心地引导她说清她被困的地下室的位置，然后迅速指令派出所民警出警。同时为了缓解她紧张害怕的情绪，在保证另外两部接警电话畅通的情况下，一直和她保持通话，让她放松心情，直到电话那边传来民警和她对话的声音。

“叔叔，我怕。”

隆冬深夜，一个稚嫩的声音从电话那头传来，接着是哭泣，听着叫人揪心。

接电话的警察安慰着女孩，问她遇到了什么事。女孩用手遮住话筒，小声说：“我爸爸和妈妈正在吵架，他们还摔东西。”

警察告诉她，爸爸妈妈吵架是很正常的，那也是爱的另一种形式，你不用担心，安心睡觉。女孩似乎还很不放心，问警察能不能帮忙劝劝爸爸，不要再喝多酒了，还特别嘱咐不要说是她打了110。

警察应下了，内心有些感动，便遵守约定给她爸爸打了电话。她爸爸接到警察打来的电话，觉得莫名其妙，警察这才解释了事情的原委。爸爸懂得了女儿的良苦用心，为此停止了争吵。爸爸和妈妈主动讲和，彼此会心一笑，一起走进孩子的卧室。

孩子假装在睡觉，爸爸妈妈紧紧拥抱着她。

灵魂在场：行刑队与神枪手

在驻监所的武警中，曾经常设一个临时机构，叫作行刑队。

行刑队负责对被判死刑的犯人执行枪决。

通常，枪毙一个人需要四名武警：两名押解员和正副枪手。

凌晨四五点钟，战士们起床。指导员做动员，大概要讲两层意思：第一，这是命令，是替天行道，你不应该有负罪感；第二，选中你，说明你优秀，这跟上前线是一样的！

一位押解员曾经谈到一个具体的感受："人是有灵魂的，它会拎着这个人的体重往上拔。一旦魂儿散了，这个人就会立马重好几十斤。"

一些事情，一旦经历，就会像刻进脑子里一样，再也擦不去了。

有些工作，你一旦介入，一定是用灵魂在参与的。

其实，无论做什么，每一行真正的高手，几乎都是举重若轻，从容淡定的。

冰球运动员的体会更深刻："人是在跌倒和爬起中成长的。"

中医给人看病的感觉也是很奇妙的：把手搭在病人腕上时，便有一种和病人心灵对话的境界。

文学，是人学，是世俗之学，是高雅之学，是超越之学，也是一项以个人为单位的创造性事业。

文字里隐藏着人类最高的智慧和最本质的经验。文章本天成，妙手偶得之。

何谓妙手偶得？

因为他得到了别人看不到、想不明白、说不清楚的东西……

画画，舞蹈，音乐，就像写字、做文章一样，一出手就要把形象的形态抓住，同时还要抓住它的神。

就像庖丁解牛一样，任何事情都有道在其中。

得道，便如神助。

在科技企业家乔布斯看来，做任何事情都跟做项目设计的道理是一样的："你必须努力让你的想法变得清晰明了，然后变得简单。一旦你做到了简单，你就能搬动大山。"

难行能行。这是佛教的一句话，意思是，一定要在你做不到的地方挑战自我，如果你老是待在能做到的地方，就只能永远留在原地。

当然，每一种经验都是一种思维定式。

人的每一种身份都是自我绑架，唯失去是通往自由之途。

为何唯失去是通往自由之途？

凡有灵魂在场的事业，打破一切定式，一切都是新的。

人，在自由之境，在天地间独往来，如得神助。

出生入死：一生中的两个二百八十八天

某个电视剧大概有这样一句台词：我成了我儿子的儿子，也成了我父亲的父亲。

什么意思呢？

因为孩子需要无微不至的爱和关怀，人经过一生的成长会不断地老去：思维减退，行动迟缓，直到老眼昏花，口不能言，行为不能自理，甚至连自己的子女也不认识。尽管如此，只要活着，老人也会像孩子一样撒娇，会要糖吃，甚至会把儿子当成爸爸一样地邀宠。

当然处于临终期的老人，他更多的时候只是躺在那里，很少吃，很少动，很少言语，他只有一个任务，就是等待死亡。

北京一家临终关怀医院通过对一万多个病例的研究，认为人的临终期为二百八十八天，这与一个新生命的孕育时间惊人的巧合。

老人经过一生的成长，所有的器官包括思维都渐渐老去。这个越活头脑越简单的老小孩，已注定不可能再回到妈妈子宫里衣食无忧，而是需要饭来张口、嘘寒问暖的关怀和爱。

通过亲人精心呵护，老人会愉快地完成生命的最后成长，安详地走完人生的二百八十八天。

有一位生病住院的职业摄影师，在住院休息遛弯的间隙，在大都市的医院里拍下了二十几种鸟。然后，发表出来，供读者评赏。

这位职业摄影师从生活中发现美好的能力，让我由衷地叹赏！受这位摄影师的启发，在我经过的地方，我也总是留心身边的鸣叫着的、飞翔着的、潜藏着的鸟。可是我常常失望而归，别说二十几种鸟，二十几只也常常难以找到。

也许是鸟有鸟语，鸟有鸟踪，我还缺少发现的能力。

正如生命的美好，也是需要用心来发现和体验的。想要发现生命的美好，就要对生命保持清醒的觉知。

我们活着，并不是时时对生命有所体验的。更多的时候，我们就像一台在固定轨道上行驶的机器，借助惯性机械地运动着。在固定的生活模式面前，我们失去了清醒的觉知和新鲜的感受。

我常常想到温室里的那些瓜果花草，生命固然是鲜嫩的，阳光、空气和水也是最佳组配。可是，由于失去了对大自然风雨变幻的敏感，它们只能是脆弱地、机械地长大。

只有经过大自然的季节变换和风雨洗礼，才能感受生命的真正滋味。

人，也是这样，只有感受生命的不同滋味，才能感受生命的美好与丰富。

有人喜欢旅游，因为旅游带给我们新鲜的生命感受。

有一个电视栏目叫《交换空间》，环境的变换，带给生命完全不同的新鲜体验。

有一个成语叫“偷香窃玉”，有人比喻为“情感旅游”，那意思是说，就跟旅游一样，也只是感受“不同”而已。

一切都会成为过去，新鲜总是暂时的。怎样从惯性的生活中，发现生活的崭新与美好，是一种捕捉幸福生活的能力。有一首歌叫《一切如新》，有几句这样的歌词：“把自己交给我自己掌握，去面对这如新的生活，阳光灿烂的街头，明亮依旧！”

注意到生活每天都是新的，注意到街头每天都阳光灿烂，也许才能注意到有二十几种欢快的小鸟，就栖息、飞翔、鸣叫在我们的周围。

台湾有个叫杏林子的孩子，十二岁的时候得了特殊的类风湿关节炎，从此就瘫痪了，腿不能行、手不能抬、头不能转，失去了活动的自由。那是一种因自体免疫系统不全而引发的慢性疾病，完全无药可治，年少的杏林子等于从此就被宣判了死刑。

时时遭受病痛折磨的杏林子，在日记中写道：“我的病痛让我腿不能行，肩不能举，手不能弯，头也不能自由转动。甚至吃一口心爱的牛肉干的权利也被剥夺了，因为咬不动。”

只有病痛，没有快乐，生命还有何意义？

三年多病痛的煎熬，并没有把杏林子打垮，而是让杏林子更有机会静静地感知自己的生命和身边的世界。在十六岁那年，她弯着背、弓着腰，以比常人辛苦百倍的写作方式开始创作，用手中的笔体验生命的强韧和美好：

“许多年前，有一次，我借来医生的听诊器，静听自己的心跳，那一声声沉稳而有规律的跳动，给我极大的震撼，这就是我的生命，单单属于我的。我可以好好地使用它，也可以白白糟蹋它；我可以使它度过一个有意义的人生，也可以任它荒废，庸碌一生。一切全在我一念之间，我必须对自己负责。

“享受人生，须善待生命。人生与浩瀚的历史长河相比，可谓短暂的一瞬。权势是过眼云烟，金钱乃身外之物。珍惜生命，保重身体，宁要一生清贫，不贪图一时富贵，这才是做人之悟性。

“死是生的归宿。人生短暂，健康时要懂得珍惜，不要当生命走到尽头时才倍加珍惜，切不能为一时的美色之欢、一时的酒肉穿肠过而贪婪，而忘掉了患病的潜在，埋下病情恶化的祸根。

“人生在世也是一种幸运，珍惜生命，享受人生则是最大的幸福，不必为昨天的失意而悔恨，也不必为今天的失落而烦恼，更不必为明朝的得失而忧愁。看山神静，观海心阔，心理平衡，知足常乐，达到善待人生的最高境界，才能真正快乐地享受每一天。朋友，人生绚丽多彩，请珍惜生命。”

杏林子，出生于1942年4月12日，在六十一岁时，由于菲佣照顾不周，从家里的楼梯摔下而去世。二十世纪七八十年代，不知有多少年轻人以杏林子的作品为典范，汲取勇气，一些监狱里的服刑人员也因为读了她的书而得到启迪，获得重生。杏林子珍惜生命，从不抱怨，她生前常说：“除了爱，我此生一无所有。”

最近，我又读到一位身患癌症的大学教师于娟的生前留言，内心颇有感触。于娟写道：

“现在我只想让我的孩子有妈，父母有女儿，丈夫有妻子。尽全力活下去，这就是我所有的目标，也希望自己的教训能够提醒更多的人，忽视自己健康的人是不负责任的人！

“即使你无所谓，你对家庭不能无所谓；即使你对家庭无所谓，但是家庭对你不能无所谓。”

病人眼里的世界为何总是如此美好？因为他们随时准备离开这个世界！

因为即将失去，所以格外珍惜。

收到一则讣告，心情沉重。

“经过与病魔两年零二十五天的搏斗，我们亲爱的战友、亲密的兄弟，于今天凌晨三点一刻最终失败了。定于三十一日举行遗体告别仪式，受其家属委托特向你告知。”

亲友曾经告诉我，病人之所以能够挺这么久，就是因为我曾对他说过的一句话让他念念不忘，他从中汲取着力量，这句话鼓舞着他活下去。

哪一句？我怅然，跟病人相识相亲二十多年，无话不说，即使在他生病后，我们也经常聊天问候，谈笑风生，我怎么知道我哪一句话才重要呢？

亲友答：“在他检查出肺癌晚期之后，一直郁郁寡欢。你跟他说，一心想死的人就会死；一心想活的人，怎么也死不了。他听了你这句话，仿佛顿时开了窍，天天都想着愉快地活着，也确实活得很开心，根本不像一个病人。后来，他双目也失明了，脑子也清醒一阵子糊涂一阵子的，无论怎么痛苦，他都一心想着活着，活下去。后来，也就是在他临走的这两天，他才交代后事，说他受够了，不想再活了……”

写到这里，泪水润湿了我的眼眶……

在地理的范围内行走，从这边到那边，是旅行。

在时间的范围内行走，从这头到那头，是人生。

人生的旅行，不同的季节会有不同的风景。橙黄橘绿，本是人间最好的季节，却有人不幸地、过早地来到了生命的寒秋与严冬。世间没有残酷的风景，只有欣赏者全新的眼光。唯有对生命的欣赏与怜惜，才令人有更好的心情欣赏更好的风景。

生命如水，在两岸间行走。可南，可北，可东，可西，可中流，万类霜天竞自由。岸是水尽头，看你如何走。向水学习，永远走在两岸间。遇事不偏执、不极端、不抱怨、不生气，就像走在路的中央。

“空中飞鸟，不知空是家乡；水里游鱼，忘却水是性命。”珍惜眼前的拥有，便内心光明，当下喜悦。

接受不能改变的事情，越过现实的障碍，看到更乐观的未来，就是安心。

心安处，大自在。

记住世界上还有死亡这回事，生命便多几分洒脱，少几许计较；忘掉还有死亡这回事，让我们轻松愉快地过好每一天。

心理困境的挣扎：“要死就一定死在你手里”

跑长途，听音乐，听一位音乐人聊音乐。这位校园民谣的创作者一直推崇一首歌唱爱情的歌曲，光听名字就很震：“要死就死在你手里”。

歌词也写得很好，听一遍就能记住：“不是你亲手点燃的，那就不能叫作火焰；不是你亲手摸过的，那就不能叫作宝石。”

这两句歌词非常正能量，也抓住了爱情的质感：非你莫属，你，就是力量；你，就是爱情；有你，才有激情和温暖！

我找来歌词全文一看，惊呆了！这首歌词怎么这么多负能量的词：死、死在你手里、亲手所杀、崩溃、稀巴烂。词作者以一连串负面的词，来表达对忠贞爱情的臣服和尊崇。

歌曲，真正打动人心的，不是曲子，而是歌词：

不是你亲手点燃的，

那就不能叫作火焰。

不是你亲手摸过的，

那就不能叫作宝石。

你呀你终于出现了，

我们只是打了个照面，

这颗心就稀巴烂，

整个世界就整个崩溃。

不是你亲手所杀的，

活下去就毫无意义。

你呀你终于出现了，

我们只是打了个照面，

这颗心就稀巴烂，

整个世界就整个崩溃。

今生今世要死，

就一定要死在你手里。

就一定要死在你手里。

就一定要死在你手里。

在词作者笔下，爱情是生命的劫难，是狂风骤雨般的摧毁，是心甘情愿的坠落！

思维一旦进入死角，其智力就在常人之下。

生命是舞台，歌唱爱情、拥抱爱情，爱情让生命充满纯真的浪漫，缥缈而温暖！

干吗要心甘情愿地让爱情摧毁生命？干吗要把爱情写成一场庄重的人生悲剧？干吗要以恨来吟唱爱？

爱情，就这样让人身不由己！

就这样被你征服！

艺术家抓住了爱情的一个侧面，表达着这种无可奈何的刻骨柔情。

在爱和恨交织的时候，总让人糊里又糊涂，爱和恨，谁又能说得清楚？连大理石脑袋的科学家也发现了其中的妙趣：在恨和爱的时候，我们体内被激活的腺体是一样的！

古人认为，人间姻缘，自有天定。月老手中的红线，将有情人联系在一起。

在河南商丘市月老祠，月下老人慈眉善目，手执红线团，成就着人间的美意：系足无差到来皆是多情种，同心有愿归去遍开并蒂花。

有人说，爱情，是男人的事情，哪个男人对女人好，女人就跟着走啦。千里姻缘一线牵，月老弄人，也常常不可思议。

有这样一个古老的俄罗斯笑话：

一个女人在污水池里发现一个男人，她叹息道：这是谁把他扔进污水池了呢？带回家洗漱一下，还可以做老公呢。

女人的善良和痴情，常常这样不可思议。可以说，女人受到的伤害，都是女人愿意消受的。那些她不愿意受的伤，是根本伤不到她的。

情到深时自有诗，意到浓时必有韵。

清代诗人袁香亭，诗风很香艳，却屡屡受到哥哥袁枚的称赞。他有一句诗被广泛传诵：劝君莫结同心结，一结同心解不开。

只此一句，写到男女情爱的灵魂深处，一旦相亲相爱，即使只是精神的，从此便与生命相始终。

男女成为知己真的很难，所以，月老祠的一副对联道破天机：叹人间真男女难为知己，愿天下有情人终成眷属。

别让情绪出卖了你

公元四世纪下半期，前秦皇帝苻坚统一了北方黄河流域，想以“疾风之扫秋叶”之势，一举荡平东晋，统一南北。

公元 383 年 5 月，苻坚征集了八十多万人的军队进攻东晋。东晋以丞相谢安为首领的部队，总数只有八万人。

力量相差悬殊，秦军志在必得。

于是，苻坚派一个名叫朱序的人去向东晋劝降。朱序原来是东晋的官员，对东晋有着深厚的感情。

朱序见到东晋军方，报告了秦军的所有军事机密，并建议晋军在前秦后续大军未到达之前袭击洛涧（今安徽淮南东洛河）。

晋军就派名将率领精兵五千人，先对洛涧的秦军发起突然袭击。

守在洛涧的秦军，不是晋军的对手，勉强抵挡一阵，就溃不成军了。

洛涧大捷，大大鼓舞了晋军的士气，他们干脆把人马驻扎在八公山边，和驻扎寿阳的秦军隔岸对峙。

苻坚得知洛涧兵败，晋兵正向寿阳而来，大惊失色，亲自登上寿阳城头观察淝水对岸晋军的动静。

当时正是隆冬时节，又是阴天，远远望去，淝水上空灰蒙蒙的一片。苻坚一眼望去，只见对岸晋军一座座的营帐排列得井然有序，阵容严整威武。

再往远处眺望，对面八公山上，隐隐约约不知道有多少晋兵。

其实，八公山上并没有晋兵，不过是苻坚心虚眼花，把八公山上的草木都看作晋兵了。随着一阵西北风呼啸而过，山上晃动的草木，就像无数士兵在运动。苻坚顿时面如土色，惊恐地惊叹："晋兵原来是一支劲敌，怎么能说它是弱兵呢？"

这就是"八公山上，草木皆兵"的故事，苻坚留下了被人讥笑千古的成语"草木皆兵"。苻坚之所以把草木认作敌国的兵，就是由于临阵产生的幻觉所致。

战争的胜败有两次，第一次决战在心理上，第二次决战在战场上。苻坚先是在心理上输了，在以后的决战中也输得一塌糊涂。

相反，东晋丞相谢安在这场会战中，尽管兵力处于劣势，却极为镇定自若，丝毫没有"怕"与"恐惧"。他甚至在摆兵布阵停当后，与乘客在深山茅屋中谈笑风生地下棋。当打败秦军的战报送来，他看后随即放在桌上，若无其事，继续下棋。乘客也关心前方的战局，问他："前方究竟打得怎么样了？"

谢安轻描淡写地回答："哦，咱们家的小孩子们把敌兵打败了。"

当然，谢安并不是真的这样满不在乎。当他下完棋回到内室，经过门槛时因为太开心，把木屐底下的横木折断了。

苻坚遭遇挫折后，为什么会把草木当成兵？

谢安与敌交战时，为什么能内急而外定？

借用英国名将蒙哥马利的观点来解释就是：苻坚是一个不善于管理

恐惧的人，所以不能在敌我决战中镇定自若；而谢安是一个善于管理恐惧的人，因而肯定能在关键时刻方寸不乱，谈笑风生。

大文人林语堂先生则善于静中取静，通过波澜壮阔的冥想抵达宁静之境。他本人还总结出六个步骤：

第一，排除杂念，心平气和，清心静坐。

第二，随着自己的情绪波动，慢慢地想象自己的心像一面湖，先是澎湃不已，继而风息浪平，继而平静无波，最后宁静得无一丝波纹。

第三，宁静之后想一两分钟，想那美丽平和的景色，远山红霞，黎明朝暾……曾历其境，又临其境。

第四，缓缓默诵清平、爽朗、和宁的字眼、诗词、名句。

第五，回忆平生问心无愧、心安理得的一些往事。

第六，反复吟诵古今贤人修身致静的名句。一字一句细细咀诵，如临绝对宁静之境。

曾国藩带兵打仗，指挥着千军万马，尽管随时都在生死线上，他仍然坚持每天都要打坐，每天写小楷一百个；静坐数息十趟，一趟十下。通过动中取静，从而抵达内心的宁静状态。

数息，是佛教的一种修行方式，抵达宁静状态的一种途径。通俗地说，就是数平常的呼吸，通常是数出息。每呼吸一口气，数一个数目，从一数到十。以呼吸来控制心念，从而进入入定状态。

曾国藩能做到如此克己，他要对治的第一个毛病是愤心，第二个就是欲！

纳粹军官也有柔软心

纳粹的空军司令戈林，非常残暴。1946年的10月，盟军法庭判了他死刑，他一直向盟军法庭请求："能不能枪毙我，不要把我绞死？"

根据当时的欧洲文化，绞死，是对江洋大盗、最底层的老百姓的惩罚。枪毙，则是军人应该享受的死法。

人心是软的，法庭坚持的原则是硬的。无论戈林怎样请求，法庭仍然坚持自己的意见：绞死！

戈林在监牢里越想越觉得沮丧，便取出自己私藏着的一颗氰化钾胶囊，吃了，死了。

让天下人都想不到的是，这个残暴的纳粹军官临死的时候还认认真真给监狱长写了一封信。信中他详细交代了这颗氰化钾胶囊的来历。他说，我一共带了三颗，第一颗放到衣服口袋里，故意让你们发现。第二颗呢，我搁在帽檐里面，所以检查的时候你们没发现。第三颗我是搁在手提箱的那个雪花膏的瓶子里的，你们到现在也没发现。

戈林还在信的最后提出了自己的请求："监狱长，我这种藏法，你们的检查人员是不可能查得出来的，请你不要怪罪他们。"

这个性情残暴、背景肮脏的人物，内心竟然如此柔软。在他生命的最后一刻，心里竟然还惦记着别人的安危。

可见，柔软心，人人都有，有人藏得深，有人藏得浅。只是，柔软心的流露，需要一定的契机。

世界上还有谁最怕天亮

有一起投毒案的犯罪嫌疑人，前前后后历经八年九次开庭审判，四次被判处死刑立即执行，终审被判决无罪，不承担民事赔偿责任。

这场历时八年的马拉松式的案件审理，也让他的家庭支离破碎。

身陷囹圄八年，他每天最强烈的感受是什么？

在牢房里他最怕天亮，因为早晨六点钟，是执行死刑的时间。

曾经读到这样一个情境：

假定现在是八点钟，而你想看明天晚上八点钟的节目。那么，这段时间你来做什么呢？你可以看别的节目，也可以锁定你要看的频道。当然，你也可以轻轻松松去做别的事情，到明晚八点看节目就行了。

只要一切准备就绪，你就要放下一切心理负担，节目自然准时演出。

坦白地说，有段时间我比较紧张，我正在满怀期待地等待一个结果的到来。

为此，我很少离开北京，甚至很少出差。

其实，完全没有必要那么紧张。

面对痛苦的等待，我在反思我自己：在我这个环节，一切准备就绪了吗？还有需要我做的吗？如果一切都没有了，那就放下，放心去做别的事情去吧。

事情就应该这么办，但在实际生活中往往表现得并不那么简单。出现在我们生活中的等待，往往是头一天告诉你：明天晚上八点播出。到第二天晚上八点钟，电视台却告诉你：今晚八点因故停播，明晚八点准时播出。到了第三天晚上八点钟，电视台依然会告诉你：今晚八点因故停播，明晚八点准时播出。

这种心境，仿佛是那部叫作《等待戈多》的荒诞剧：

这部剧上场的人物共有五人：两个流浪汉——爱斯特拉冈（又称戈戈）和弗拉季米尔（又称狄狄），波卓和他的奴隶幸运儿，还有一个小男孩。

故事发生在两个黄昏。剧中人物就是两个衣衫褴褛、浑身发臭的流浪汉爱斯特拉冈和弗拉季米尔。他们在乡间小道的一棵枯树下焦急地等待戈多。戈多是谁？等他干什么？这两个流浪汉也并不清楚，他们就这样莫名其妙地等着，靠梦呓般的对白和无聊的动作消磨时光。

在等待戈多的过程中，他们遇到了波卓和他的奴隶幸运儿，他们渴望戈多的到来能改变他们的处境。但是，戈多始终没有来，接连两个晚上都是一个戈多派来的小男孩前来传话："戈多先生今晚不来了，明天准来。"

他们绝望了，两次上吊都未能如愿。

他们只好继续等待，永无休止地等待。

如果说这也算是戏剧情节的话，情节就这么简单，就这么荒诞！

剧中的两个流浪汉，就这样在等待中完全丧失了人的理性和尊严。

等待，是这部剧作的主题。

我在给朋友讲这个故事时，他问：问题的关键是，戈多为什么没来？

没有人能回答出为什么。

这就是这部戏的价值。

在剧作者看来，人类社会生活的基本特征就是“等待”。一个人的一生始终都在等待，“戈多”不过是这种等待对象的一种象征。

人生，难免遇到等待，甚至充满了等待。应该怎样面对呢？

基督教教导信徒：要善于期待，善于忍耐。

佛陀说，等待是没有意义的，重要的是活在当下，把握当下。

我也想到了老子的道法自然，你不用刻意做什么，或者刻意不去做什么，自然的心态，就是最佳的状态。

有一种叫“老等”的鸟，它在等待中总是沉稳、内敛、有静气。

在杭州的西溪湿地公园里，我见到一种叫作“老等”的鸟。老等的学名有很多，我记住的名字就是老等。

老等性寂静而有耐力，它常常单独伫立于浅水之上，等待猎物的出现。

于无声处，静静等待，是老等经常性的生命状态。这是它的生活习性，是它一贯的风格，也是它名字的由来。

潜心等待中，它是那样的沉稳、内敛，有静气，静静地站在树枝上，一动不动，专心等着鱼的出现，安静得像一幅画。

老等是一位把握机会的高手，据说，它轻易不出手，而一旦出手，捕食猎物的命中率高达90%以上。它生性机警、体态轻盈，待小鱼游近，快速伸颈啄捕。老等捕到大鱼后，先将鱼叼到岸上摔死，然后吞食。吃鱼时总是让鱼头先入口，以免被鱼鳍刺伤。

悄无声息之中，它练就了专注、沉着、内敛、老辣、低调的处事风格。

这正是我需要向老等学习的。

让我们打开一往情深的女特务心结

一位女演员转行做了主持人，如今在当地已很红了。

在聊天中，她说，她很再想演一次特务。

没想到，这位形象端庄、功成名就的大姐大，还放不下儿时怪怪的梦想。

是不是只有女特务这样的角色，才能让女人有机会忘我地展现自己的百媚千娇万种风情？

万绿丛中一点红，动人春色不须多。演员对女特务情有独钟，观众对女特务也是迷恋得如痴如醉。也许在那个特殊的年代，只有坏女人身上才有更丰富的女人味。

清代文人李渔也曾就女人味发表过一段很妙的文字，他认为女人味就是当她在一颦一笑，一举手一投足间，无意中自然流露出来的那种勾人魂魄的韵味。

朱自清先生有过这样一段对女人的描述："女人有她温柔的空气，如听箫声，如嗅玫瑰，如水似蜜，如烟似雾，笼罩着我们。她的一举步，一伸腰，一掠发，一转眼，都如蜜在流，水在荡……"

仔细品味一下，两位老人似乎都在津津有味地留恋着女特务式的女人。正经女子怎能在每一举手、每一伸腰间，都勾人魂魄?

在我们的检察题材电视剧中，贪官背后的女人也是仪态万方、秋波暗送、妖冶艳丽、摄人心魄，她们为拉拢腐蚀干部机关算尽，她们的美人计等种种手段正是推动故事情节发展的原动力。坏女人，在戏中别有风情。

某个晚上，我去某剧组探班。月光下，一位女子一身素白，英姿飒爽，唇红齿白。当我与她的眼神相遇时，方感知到这是一个邪性的女人。此时，导演把我拉到一边解释说："她就是咱们的反派女一号，跟剧中人物很契合，就是胸小点儿，我已让她垫高了，您感觉如何？"

当时我刚刚负责拍戏工作，单纯得不知应该怎样回答导演的问话。只是笑笑，实话实说："这个……我不懂！"

看电影《全民目击》，看到那位魅力十足的魔鬼律师总是用头发遮住半张脸，我不由得想到一句话："头发遮住眉，不是特务就是贼！"

头发遮住眉，确实增添了女人的魅力，让女人的真面目如梦如幻，如烟如雾。在某个学术会议上的合影中，我也看到一位用头发遮住半边脸的女子，我惊诧地问道："此人是特务还是贼？"

朋友怪怪地看看我，平静地回答："她是诗人！"

拿得起，放得下，看得透，想得开

我的新书《忙在手中，闲在心上，气定神闲的功夫课》在上市前，我送了几十本给为新书点赞的朋友。

有人一定要让我签名。

尽管我的字写得还不够淡定，我也争取写一些淡定的话给朋友。

我给一位生活不够美好的朋友，写下十二个字：拿得起，放得下，看得透，想得开。

朋友深表赞同，说："我感觉自己很知足。"

富，莫过于知足。

人生，从花红热闹中走来，从得得失失中走来，求名、求利、求静，总要回归做自己。

想过没有？

失，是另一种得。

比如，通过辛苦的奋斗得到了失眠、得到了失恋、得到了失落。

生命有收获，总是美好的。

得到，常常只是侥幸。而失去的，却是人生。

失眠，很痛苦，这种深沉的痛苦折磨，不也是很侥幸的人才能得到吗？

我躺下就能睡着，这是多没文化、没思想、没追求的表现哪。

你怎么也睡不着，说明你有文化有思想，活得丰富深沉。

失恋，易得吗？很多人从来也没有真正地恋爱过。

一位亿万富翁，受不了事业的挫败，跳楼自杀。

很多人不理解，他还有价值几千万的名车豪宅啊！

是啊，一个普通人能够拥有如此的名车豪宅，他一定会幸福得连做梦都哼着小曲。

可是，他本人能受得了如此巨大的落差吗？他自认为是靠事业立身的人哪！

有奋斗、有成功，也有失落。凡是没有实现的目标，都是缘分不到，不必一味地责怪自己。

得与失，只是一个看问题的角度：一种是现实的收获，一种是心灵的收获。

古人早就把人间的道理总结为四个字：乾坤大道。

乾坤大道，就是天地之道。具体来说：天道，就是对美好的追求和责任的担当；地道，就是对失败的包容和对残缺的接纳。

时序变换，花开花谢，看似树木的失落，却是力量的凝聚。

打破僵局：无声的拥抱胜过任何言语

有一个爸爸在部队时就很严肃，转业到地方做领导干部还是很严肃，那张脸不怒自威。

爸爸在单位很严肃，在家也很威严。他职位很高，是一家人的骄傲，也是整个家族的灵魂。亲朋好友聚会，谈笑风生，轻松活泼，可是，只要爸爸一出场，空气就像凝固了一样，大家都静心聆听爸爸的讲话。

爸爸工作压力大，爱抽烟，这让女儿很讨厌。女儿脾气倔强，从小就喜欢挑战权威，于是，爸爸就成了她的挑战对象。

每次女儿出门，爸爸总是点上一支烟陪着女儿出门，两个人不说一句话。女儿不说话，是因为讨厌爸爸抽烟，也不喜欢爸爸吞云吐雾地陪着自己走。爸爸不说话，可能是感到无话可说。直到有一天，爸爸被查出已身患绝症，妈妈这才忍不住告诉女儿："几十年来，每次送你上学、上班走了以后，你爸爸都要爬上八楼，抽着烟，目送你走远，那是他每天最开心的事儿！"

女儿听到妈妈的话，感觉很惭愧，内心很沉重，她突然想送给爸爸一个拥抱，说一声："爸爸，我爱您！"

她似乎多年没有跟父亲进行过深入交流了，想到自己要向爸爸表达自己的爱，突然感觉很美好，很轻松，很幸福。女儿跟妈妈说了自己的想法，妈妈竟然感动得流了泪！她跟丈夫说了自己的想法，她丈夫给了她一个亲密的拥抱。第二天上班，女儿感觉工作的劲头大增，斗志昂扬，兴致勃勃。趁自己情绪正好，她给爸爸打电话：晚上，我要看看您！

爸爸还是那样沉着内敛：有事电话里不能说吗？

女儿还是很犟：就不，晚上见！

回到家，恰恰是爸爸开门，女儿迫不及待地说："爸爸，我今晚赶过来只想对您说，我非常爱您！"

女儿说着，泣不成声，投入爸爸怀抱，她突然觉得连爸爸身上的烟草味儿都是爱的味道！

爸爸一脸的严肃变得柔和，嘴角露出微笑，眼角突然也冒出了泪花："宝贝，爸爸也爱你，只是爸爸不愿意说出来。"

爸爸把女儿搂在自己怀里。爸爸的肩膀很宽阔，很温暖，饱含深情和关爱，让女儿幸福得有一种飘飘然的感觉。

不久，爸爸去世了。老人属久治无效，病故，并无遗憾。幸运的是，女儿能够与爸爸尽释前嫌，享受了深切表达爱的幸福，感受到爱的及时表达是那样的珍贵。

只要有机会，我每天都要和女儿抱一抱，女儿有时也抗议：爸爸你要是几天才抱我一次，我会感动的，你这样天天抱我，我都没感觉了！

我听女儿的：有了感动才拥抱！

看来，以对方最喜欢接受的方式来表达自己的爱，才是最好的，表达爱的方式。

把深切的爱藏在心底，让思想流传

于丹老师的老师金开诚先生检查出了癌症，心里很惦记这位学生，却谢绝了她的探望。

遗体告别那一天，臂戴黑纱的金师母送给于丹一整套《金开诚文集》，上有金先生的签名。师母对于丹说："他在生前交代我，说要把这套刚刚面世的全集签名送给你。我说：'你这么喜欢这孩子，叫她来，亲手给她多好。'他说：'我现在这个样子，她看了会难受的，我干吗要让她记住我现在这个样子？我给她签好名，等我遗体告别她一定会来的，那时候你把书交给她。'"

文人的交往，可能就是如此：把深切的爱藏在心底，让思想流传！

希腊的文化非常刺激。他们喜欢把什么事情都放在高峰和刀锋上体验，也就是放在生与死的境界上去体验人生。

戏剧理论也认为，刺激就是把事情做绝。不绝不刺激。

苏格拉底为真理而死，死就死了，没人当回事；他自己也不在乎，因为还有比死更重要的事。

温泉关战役，三百勇士守关口抵抗波斯人的进攻。有两个人侥幸活了下来：一个人临时出差去了，还有一个因为有病没去打仗。他们两个人回到家，每一个人的妻子都很生气，真勇士都死了，你为什么不去死呢？

刚刚读到一个内蒙古的人讲的一则来自家乡的故事：有一个人喝醉了酒，摔断了腿。下肢瘫痪，就成了残废。他家人无法原谅他，他也无法接受这样的自己。他就自杀了。没有人难过，也没有人当回事。因为在大家心中，他这样的命运都是他一个人咎由自取。

我们在辽宁有一家亲戚，亲戚家有一位帅气的小伙子，是解放军军官，他和未婚妻因婚事闹争执，纵身从六楼跳下，命大，没死，却被摔成终身残疾。十多年来一直都躺在医院的病床上，再也没有下床的能力。他的老妈妈成天待在医院对他寸步不离，他的三个姐姐也排班轮流照顾他，十多年如一日。

我问："他和当年的未婚妻还有联系不？"

回答："早黄了。"

问："这小伙子后悔不？"

回答："不后悔，他说，他自己也不知道当初为啥会跳楼。"

又问："他家人抱怨他不？"

答："不抱怨，他们算过卦，说，这小伙子就这个命！"

因为医院里有病人，这个大家族每年都在医院过年，女儿女婿也都为了一个共同的目标聚在一起，相依相伴。

想到此情此景，我也常常慨叹：向阳花木早逢春，认命的人家最好命！

兰夫人说过一句话："认识的人越多，我就越喜欢狗。"

这句话把我震住啦！

诚然，人和人的交往，为什么总是那么紧张、复杂，总是那么没有耐心呢？而我们和狗交往，却总是单纯、温暖、放松。

那么，我们能不能蹲下来，认真聆听他人的生命，尊重他人、敬畏他人，从他人身上读出更多人性的美好？

人与人交往，也是有禁忌的：绝不能否定某一个人，绝不能忽视某一个人，绝不能轻易拿某个人与其他人做比较。与人交往，要做到用人所长、避其所短：肯定他的优点，让他发挥所长；尊重他的观点，理解他的感觉；不提他的缺点，包容他的短处。

读杨绛先生的《干校六记》，她经历的往事，总是在我心中浮现，历历在目。

当时，她和钱钟书先生在河南信阳五七干校接受“锻炼”。女儿在工厂做工，作为知识分子的女婿因受不了委屈，在北京自杀了。

在杨先生的干校笔记中记述，她亲眼看见有人埋死人，死者也是自杀的，那尸体戴着一顶蓝帽子。埋人的人的铁锹断了，杨先生送去铁锹。后来，钱先生在此挖土，杨先生提醒他：别挖太深，那位自杀的人，被埋在这里，没有棺材。

一个见惯生死的人，早已把很多大事小情看淡、看远。也许，这也正是杨先生健康长寿的原因吧！

我年近八十岁的妈妈看过杨先生写的《写在人生边上》，竟然笑出了声，连声说：“这位老太太真是想得明白，写得也明白。她说，人死了，就啥都没有了，啥想法也都没有啦。

悟透生死，道业自成。

一位在检察机关工作的老同事、好兄弟曾经发微信给我：“经常在微信里读你的文章，使我对生活有新感悟，对生命有新认知。既已结集，就给我一个系统学习的机会吧！”

这位同事兄弟，身患白血病已两年，去年春节后住院，因高烧不退还被医院下过病危通知，现已去世。我当时把书稿发给他，并打电话分享了彼此的生命况味。他做完骨髓移植后，曾经状态良好，爬山、开车都行了。后来由于髓外病发，他在轮椅上的活动范围已经很窄了，想出去转转，也已经很困难了。

我和这位兄弟分享了明代心学大师王阳明的名言“莫将身病为心病”，意思是说，人无论患有什么样的疾病，最可怕的并不是疾病本身，而是人自己对于疾病的恐惧和沮丧所带来的影响。我说得更直接也更难听些，你只要想活着，有信心、有力量，你就死不了；如果你感觉活得太累了，不想活了的时候，可能就快死了。

兄弟对我的发言并不反感，他说，他很清楚地知道医生对他病情的判断，一旦病情复发，也就剩几个月的工夫了。他请我放心，他一定无所畏惧地活着，活着，无所畏惧。

电话这头的我，眼里一直含着泪花。我们为什么要活着呢？活着的过程，就是体验生命的过程，就是感受生命魅力的过程，也是获得直接经验的过程。

盐是咸的，醋是酸的。这是别人提供给我们的间接经验。盐究竟是怎样个咸法，醋又是怎样一个酸法，亲自尝尝就知道了，这是我们的生命所获得的直接经验。

在一个人成长的过程中，他所获得的直接经验，是我们的生命获得的最弥足珍贵的礼物。当然，一个人所能获得的直接经验总是有限的，需要不断地从别人的间接经验中获得生命的滋养。

真诚的交流，触动心灵。且让我们慢慢体味。

有我在，就不让误解存在

出门在外，认识一位经验丰富的接待办主任，听他以接待的视角看社会人生，眼界大开。接，是迎接、接触、接洽的意思，待，是招待、对待的意思。

接待的起点是接，然后是待。这位主任上任伊始就对部门提出了“一切行动听指挥，按规矩办事”的工作要求，提出既要服从领导、听从指挥，又不要盲目服从，要以一位专业人士的标准在具体的待人接物的细节中体现关爱和纪律。

这位主任还常常以接待的视角批三国，也常常让人茅塞顿开。

话说曹操刺杀董卓失败后，仓皇出逃，来到当初结义弟兄吕伯奢家。曹操惊魂未定，忽然听到庄后有磨刀的声音。多疑的曹操潜步窃听，听到有人说话：“捆住，杀掉，行吗？”

曹操便断定，这是吕伯奢等人正在谋划着杀掉他这位姓曹的不速之客，于是就动手杀了吕伯奢全家人口。他杀完人后，去到后厨搜查，只见一头猪被捆住，正要被杀。

曹操这才知道事情的真相，出庄之后，正好赶上吕伯奢骑驴回来，鞍前悬挂着两瓶酒，曹操一不做二不休，将吕伯奢也杀了。

好朋好友、热情待客的吕伯奢，为何落得一个如此下场？

小说家设计这样的细节，是为了表现曹操的疑心太重。接待办主任却认为负责接待的老友吕伯奢也有责任。对于吕伯奢来说，曹操的到来，无疑是一次接待任务，这个任务他完成得很不好。懂接待的人，要先发表接待言辞，说明自己的接待方案，以求得对方的支持和理解。如果吕伯奢说："孟德贤弟，来到咱家您就放一百个宽心，咱家里人也都很忠诚可靠，待我让家人杀头猪，我去镇上买些好酒回来，咱哥俩儿今儿个痛痛快快喝两杯，给贤弟压压惊。"

把话说透，接待方式公开，再捆猪杀肉，磨刀霍霍，曹操看到这样的场面，感受到的可能只是温暖与感动了！

由于接待知识和经验的不足，才给小说家造成了机会，通过这个细节把曹操的多疑与绝情表现得淋漓尽致。

谁是幸福的，谁是不幸的

午夜时分，有一个叫小雷的年轻人从网上看到一条消息：江西有一个两岁男孩出送。

尽管人家写的是出送，而不是出卖。小雷还是感觉这个出送孩子的人值得怀疑，那么，他是在拐卖孩子吗？于是，他悄悄记下了神秘人的联系电话。

这位小雷是一名退伍军人，多年的武警生涯练就了他一身好功夫。他极富正义感和社会责任感，喜欢明察暗访，助人为乐，曾经只身一人捣毁过上百人的传销团伙，也解救并帮助过许多需要帮助的人。

这一年的大年初五，小雷和神秘人取得联系。神秘人自称自己的名字叫大毛。简单试探之后，小雷认定，对方就是在拐卖孩子，他怕对方会把孩子卖给别人，就决定先稳住对方。

第二天，小雷邀请两名记者一起奔赴江西，要对这个疑似拐卖孩子的窝点来一个明察暗访。到了大毛所在的县城，他们迅速取得了公安机关的支持。为方便公安机关布控，小雷约大毛在县汽车站见面。

不久，一位头发蓬乱的中年男子驾驶一辆摩托车准时出现，车上还坐着一个两岁左右的孩子！

一手交钱，一手给孩子！

双方交易刚刚完成，警察出现了！

也许是孩子从来没有见过这阵势，他撕心裂肺地大喊大叫，警察听得很清楚，他喊大毛喊爸爸！

这个两岁的孩子真的是大毛的亲生儿子吗？经过亲自鉴定：孩子确实是大毛的亲生骨肉！

警察非常不理解："作为父亲，怎么如此狠心要卖掉自己的亲生骨肉呢？"

大毛也连喊冤枉："我从来没有卖孩子，那位小雷说自己家庭条件很好，非要收养这个孩子，我只是先把孩子寄养到他那里而已。"

警察问："你干吗要收人家五万块钱呢？"

大毛泣不成声，这才娓娓道来："我从小父母双亡，当然从小也就没有父爱也没有母爱，在别人的白眼中长大。所以，我给孩子起名叫尊严，咱孩子要活得有尊严，要活得让人瞧得起！没想到，自己的老婆也嫌家穷，不明不白离家出走，孩子整天伸着小手喊妈妈，小雷兄弟借给我这五万块钱，是支持我出去给孩子找妈妈呀。我要用这笔钱印广告、做宣传、做盘缠。我发过誓，咱一定要给孩子一个完整的家！"

一个大男人哭成泪人儿，让所有在场的人心情也都挺沉重的。

人家根本不是卖孩子，而是为孩子好！就在大家对这个痛哭流涕的爸爸感慨同情的时候，一对老夫妻被激怒了！

只见老太太照大毛脸上就是几个耳光，老头儿也脱鞋子要揍大毛。

大家把二老劝住。二老不动手了，开口问大毛："你敢再说一句，你从小就缺少父爱，也没有母爱吗？"

大毛跪下来，劝两位老人："叔叔、婶婶，那是我骗公安的话，你们怎么能当真呢？"

这时候，小尊严看到爷爷奶奶来了，蹦蹦跳跳地走了过来，对爷爷奶奶，又是亲，又是抱。

这叔叔婶婶老两口，也不管大毛的事儿，领着孩子就要回家。

警察有些纳闷："大毛的孩子，你们领走合适吗？"

老两口很生气："这孩子从小都是我们带着，生活得好好的，大毛说，他太想孩子了，没想到他只接走两天，就把孩子给卖了，这个没良心的！"

警察问二老："你们能找到孩子的妈妈吗？"

老两口义愤填膺地说："能找到，能找到，人家比大毛还强些，时不时还知道过来看看孩子，大毛是不务正业、好吃懒做，还好赌博，把钱赌完吃净，还回家打老婆，谁愿意跟他过？他赌博欠钱太多了，这才想着卖孩子！"

邻居过来补充说："这老两口对大毛那是跟亲生的孩子一样，为了这个大毛，他们都没有要自己的孩子！"

大毛原形毕露。记者问大毛："有这样的叔叔婶婶，你还认为自己从小就没有父爱母爱吗？"

大毛点点头："是的。他们对我再好，也不是我的父母，我能有今天，都是他们对我太溺爱了！"

记者追问："你认为，生活在这样的家庭里，你是幸福的，还是不幸的？"

大毛面无表情地说："当然是不幸的啦！"

一个只想得到别人的爱，从来不懂得爱别人的人，注定是不幸的。

不幸的人，是不配得到幸福的。

后记：跟读者朋友谈谈我的朋友读者

一位漂亮的女老板和一位男老板谈一个项目的合作，谈得很好。

双方就要签合同了，男老板的太太闯了进来，跟丈夫说："你不能跟这个小女子合作。"

于是，当天的谈判不欢而散。

女老板给我发来微信，说："放在从前，我就会在老板太太不在的时候再来，找对方把合同签了。读了您的文章，就不一样了。有多大的心，做多大的事儿！咱跟人家合作，就要'懂人家'！"

于是，她就到老板家登门拜访。一趟，两趟，三趟……直到和老板的太太成了好姐妹。咱要懂人家，也要人家懂咱！直到老板太太痛快地宣布："合作，就得跟这样的妹子合作！"

女老板的微信把我搞蒙了。我的文字常常很自我，记录一些心得，抒发一些个人情绪，绝对不会实用到读后就能跟人家谈合作做生意赚钱的程度啊。于是，我问："我的啥文章促成了你们的合作呢？"

女老板说："《懂你》。"

前不久，收到一位河南山区女读者的微信，向我索要地址。大意是，他们一家人要到河南灵宝去玩，那里的苹果很好，想给我寄一箱。

北京哪里的苹果没有卖的？干吗要费那个劲儿邮寄呢？于是，我回复："心意领了，不必麻烦了。"

对方态度很坚决："我跟着你那么多年，学识和见识都有很大进步，我和老公只是想表达个心意，希望你能收下。"

"跟着"这个词，很打动我。是这样，我当年写博客的时候，我们就是网友。我出版养心笔记系列《官道》《官场闲书》的时候，还给她寄赠过。我出养心笔记之三《忙在手中，闲在心上》的时候，也曾问过她要不要，她回答我：“我家已买了五本。”

我出书，他们家就像自己家人出书一样，主动买来送给别人。让我倍加温暖。

郑州一位老兄给我发来微信说：“八十岁的老娘在我们家族的微信群中，转发了你的一篇文字，要求每个孩子都要阅读学习。”

可惜，我不记得是哪一篇了。

山东德州一位女检察官的妈妈是我的读者，网名岚韵神探，七十五岁了，还在自己的朋友圈推荐我的文字。

我的妈妈也八十岁了，小学六年级文化水平，喜欢读大街上的文字和我的书，还不会玩智能手机，不能通过手机阅读我的文字。

妈妈在院子里栽了两棵柿子树。在故乡，家里没有小孩子，常常树叶落了，红柿子还像灯笼一般在树上挂着。

不打农药、不施化肥，当然啦，我妈我奶奶也不懂嫁接转基因，爬高上低也不方便。纯天然，顺天收。

柿子树长在水井旁，浇水方便，农家肥也足。

国庆节期间，有人从故乡来，妈妈便给我们捎来了一些。数了数，才几个啊，尝尝亲情连心，吃个故乡情怀。

柿子，熟得真是慢，来北京十几天了，发现柿子们还硬挺着，一副不愿意成熟的姿态。

我对柿子说：妈妈是以顺天收的方式培养你长大的，我就一定要吃自然熟的，我愿意慢慢等待。在你走向成熟的过程中，我也愿意与你相依相伴。

我把柿子们搬到阳台上，等它由坚硬变得柔软，由苦涩变得甘甜若蜜。

柿子啊，我就这样欣赏着、观察着，等你慢慢地、慢慢地长到自然熟。

我愿意享受这个等待的过程。不急。

最甜的甜蜜不在嘴上，在心上。

女儿也是我的读者。十七岁，一百七十二厘米的大个子，我这几天都手拉手地去送她。其实，学校就在家门口，她小学三年级开始就不让大人送了。为啥大了又偏偏让送了呢?

我的想法是，每个人都是一座孤岛，生活在大海大洋之中。人与人的缘分，就好比孤岛之于海洋，有人陪伴，才温暖，才踏实。

父母和孩子之间的爱是无条件的。爸爸的爱，常常是有原则的。

脱口秀演员黄西，在节目中谈做爸爸的感受，让我久久回味。他说，做爸爸有时不得不做些痛苦的事，比如为了教育孩子，不得不严肃地板着脸，甚至大吼。但过分严厉以后，心里也很难受，难受也要忍住。

更让人受不了的是，听到爸爸要去上班了，刚被爸爸“凶”过的孩子，还会迅速跑过来投入爸爸怀抱，尽释前嫌，向爸爸说再见，眼里含着泪花。

孩子对父母的爱，无条件、不伪装、纯天然。

跟有缘的人在一起，能让人意识到时间有多慢，有多快。

每一分、每一秒……时间走了，真性情留下了。

酒店的枕头上，印有这样的字样：“甜梦常在。”

看到这样的文字，感觉特别踏实，让人心安。

心安处，是故乡。

普希金说：“没有幸福，只有自由和平静。”

幸福的人，都有一个香甜的梦。

我是凌晨三点醒来的，本来想用失眠这个词的，后来改作“起床”。我不愿意在我的文字中传递任何负面信息。幸福的人，都有一个香甜的梦。

金秋十月，意大利一座著名的火山喷发的时候，烟雾升腾，浪漫缥缈，山中花开，风景旖旎。置身火山喷发的现场，仿佛与上天对话，聆听大地的心跳。

天、地、人，如此亲近，让人颇受震撼。

朋友在火山喷发的图片下，分享了四个字：“美女醒了。”

惊艳。